Sophia Houari

Impact du fluor sur la régulation de gènes de l'incisive de rat

Sophia Houari

Impact du fluor sur la régulation de gènes de l'incisive de rat

Impact sur la minéralisation et la couleur des dents de rongeurs

Presses Académiques Francophones

Imprint
Any brand names and product names mentioned in this book are subject to trademark, brand or patent protection and are trademarks or registered trademarks of their respective holders. The use of brand names, product names, common names, trade names, product descriptions etc. even without a particular marking in this work is in no way to be construed to mean that such names may be regarded as unrestricted in respect of trademark and brand protection legislation and could thus be used by anyone.

Cover image: www.ingimage.com

Publisher:
Presses Académiques Francophones
is a trademark of
International Book Market Service Ltd., member of OmniScriptum Publishing Group
17 Meldrum Street, Beau Bassin 71504, Mauritius

Printed at: see last page
ISBN: 978-3-8416-2862-6

Zugl. / Agréé par: Paris, Université Paris Diderot, 2014

Table des Matières

LISTE DES FIGURES

6

LISTE DES TABLEAUX

LISTE DES ABREVIATIONS

ADN: Acide DésoxyriboNucléique

AIH: Amélogenèse Imparfaite Héréditaire

AMB: Améloblastine

AMEL: Amélogénine

ARNm: Acide RiboNucléique messager

BGN: Biglycan

BMP4: Bone Morphogenetic Protein

C1q: système du complément C1q

CCL5: Chemokine (C-C motif) Ligand 5

CLS: Concentration Limite Supérieure

Cp: Céruloplasmine

CSS: Conseil Supérieur de la Santé

DCN: Décorine

DD: Dysplasie Dentinaire

DGI: Dentinogenèse imparfaite

DMT1: Divalent Metal Transporter 1

DPP: Dentin PhosphoProtein

DSP: Dentin SialoProtein

DSPP: Dentin SialoPhosphoProtein

EDTA: Acide éthylène diamine tétraacétique

EDX: Energy-Dispersive X-ray

EFSA: European Food Safety Authority

eIF2: Eukaryotic initiation factor 2

ENAM: Énaméline

Fe^{2+}: Fer ferreux

Fe^{3+}: Fer ferrique

Fpn: Ferroportine

Ft: Ferritine

GAG: Glycoaminoglycan

HAMP: Hepcidine AntiMicrobial Peptide

Hap: Hydroxyapatite

Heph: Héphaestine

HFt: High-chain Ferritin

HH: Hémochromatose Héréditaire

IGF-1: Insulin-like growth factor I

IRE: Iron Responsive Element

IRP: Iron Regulatory Protein

J: Jour

JED: Jonction émail-dentine

KLK4: Kallikrein 4

LFt: Light chain Ferritin

MIH: Molar Incisor Hypomineralisation

mM: milliMolaire

MMP: Matrix-MétalloProteinase

MMP20: Matrix Metalloproteinase 20 ou Enamélysine

NaF: Fluorure de Sodium

OMS: Organisation Mondiale de la Santé

P: Phosphore

PDGF: Platelet Derivated Growth Factor

PERK: Protein Kinase RNA-Activated ER kinase

PG: Proteoglycan

Ppm: Partie par million

PTH: Parathormone

SEM: Scanning Electron Microscopy

SLRP: Small Leucine-Rich Proteoglycan/Protein

T: Témoin

TEM: Transmission Electron Microscopy

Tf: Transferrine

Tft: Récepteur à la transferrine

TGF-ß: Transforming growth factor -ß

TNF-α: Tumor necrosis factor α

VWF: Von Willebrand factor

WISP-1: Wnt1-inducible secreted protein-1

INTRODUCTION

INTRODUCTION GENERALE

1. <u>Odontogenèse humaine</u>

La couronne dentaire est formée d'émail, structure la plus superficielle, de la dentine juste sous-jacente et de la pulpe dentaire au cœur contenant les cellules progénitrices de la dentine, des nerfs et des vaisseaux sanguins (figure 1).

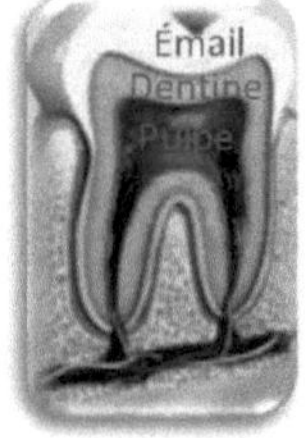

Figure 1 : Coupe d'une molaire humaine

L'émail est la structure la plus minéralisée (la plus dure) du corps humain et le seul tissu minéralisé d'origine épithéliale. Il est produit par des cellules épithéliales hautement spécialisées appelées améloblastes. Ces cellules disparaissent une fois que la dent a fait son éruption dans la cavité buccale. Cette structure est acellulaire, avasculaire et non innervée. De ce fait, chez l'homme, l'émail n'a pas de capacité de renouvellement. Cependant, Il possède une organisation structurale complexe à haut degré de minéralisation (96-97%) traduisant la quasi absence de matrice organique. Ces caractéristiques reflètent un cycle de vie cellulaire inhabituel des améloblastes et la spécificité unique des protéines matricielles régulant la formation des très longs cristaux de l'émail.

Contrairement aux autres tissus minéralisés (os, dentine, cément) basés sur une trame collagénique, l'émail n'en contient pas et en est donc structurellement distinct. Cependant, il existe des similarités fondamentales dans la formation de tous les tissus minéralisés (Nanci, 2012- pour revue).

2. <u>Odontogenèse murine</u>

Contrairement aux dents humaines, les incisives de rongeurs sont des dents à croissance continue qui constituent un modèle expérimental de choix pour l'étude de la formation de l'émail (figure 2). En effet, tous les stades de différenciation des améloblastes : sécrétion, transition, maturation et pigmentation, sont alignés de la loop apicale vers le bord libre de l'incisive en une séquence continue qui reste similaire à l'âge adulte (Berdal *et al.,* 1993). L'intérêt majeur réside sur le fait que ces phénomènes peuvent être étudiés simultanément chez le rongeur alors qu'ils se produisent séquentiellement chez l'homme.

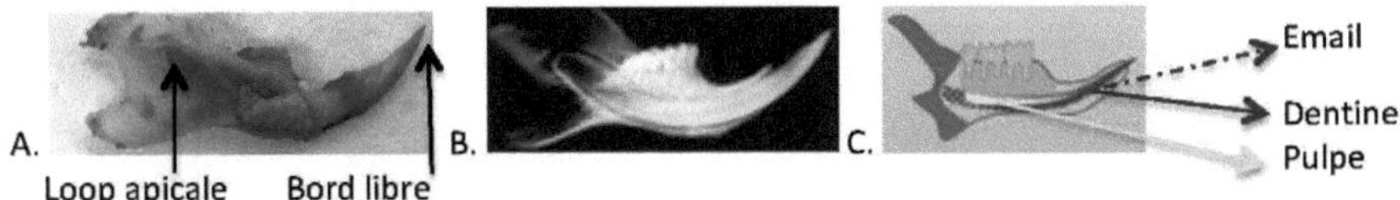

Figure 2 : Mandibule de rat. A. Photographie, B. radiographie et C. représentation schématique d'une incisive de rat à croissance continue confinée dans une hémi-mandibule.

L'émail de l'incisive de rat est très dur (plus dur que le fer, le cuivre et le platine). Cette dureté est mesurée spécifiquement à l'aide de l'échelle de dureté de Mohs, elle est de 5.5 pour l'incisive mandibulaire de rat alors que celle de l'émail humain est de 5 (la dureté du diamant étant de 10).

L'EMAIL ET L'AMELOGENESE

L'émail est un tissu translucide, lisse, brillant et dont la couleur varie du jaune clair au gris-blanc. Son épaisseur chez l'homme varie également de 2,5 mm au niveau de sa surface occlusale travaillante à quelques microns au niveau de la constriction cervicale. Chez la souris, l'épaisseur de l'émail est en moyenne de 60 µm au niveau de l'incisive maxillaire et de 95 µm au niveau de l'incisive mandibulaire. Chez le rat, ces valeurs sont en moyenne doublées (Moinichen *et al.,* 1996). L'émail est un tissu cassant surtout lorsqu'il est non-soutenu et il est très vulnérable à l'attaque acide (Nanci et Goldberg, 2001).

1. Composition de l'émail

La composition de l'émail comprend une phase organique et une phase minérale. Au cours de la formation de l'émail appelée amélogenèse, la phase organique, très majoritaire lors du stade de sécrétion de l'émail, diminue grandement au profit de la formation de la structure minérale pour atteindre seulement 4% (pour l'incisive de rat) à la fin de la maturation de l'émail (tableau 1) (Nanci, 2012).

Composant	Stade de sécrétion	Milieu de maturation	Maturation tardive
Eau	5	3	1
Minéral	29	93	95
Protéine	66	4	4

Tableau 1 : Pourcentage en poids humide de la composition de l'émail d'incisive de rat.

1.1 Caractéristiques physiques et chimiques

Quels que soient l'espèce ou le type de la dent, le processus de minéralisation de l'émail est identique (Robinson et Kirkham 1984 ; Robinson *et al.,* 1995).
La composante minérale de l'émail consiste en des cristaux d'hydroxyapatite dont la plus petite unité est le monocristal d'hydroxyapatite (HAp) de formule chimique $Ca_{10}(PO_4)_6(OH)_2$. Cette maille élémentaire est le plus souvent polysubstituée (généralement par du carbonate). Un ensemble de monocristaux d'hydroxyapatite (de taille inférieure à 1 nm) se combine pour former un cristallite de section hexagonale (figure 3). Les cristallites (ou cristaux d'émail) mesurent de 60 à 70 nm de large et 25 à 30 nm d'épaisseur et sont extrêmement longs pouvant dépasser 1 mm et traverser l'épaisseur de l'émail (Goldberg, 2008).

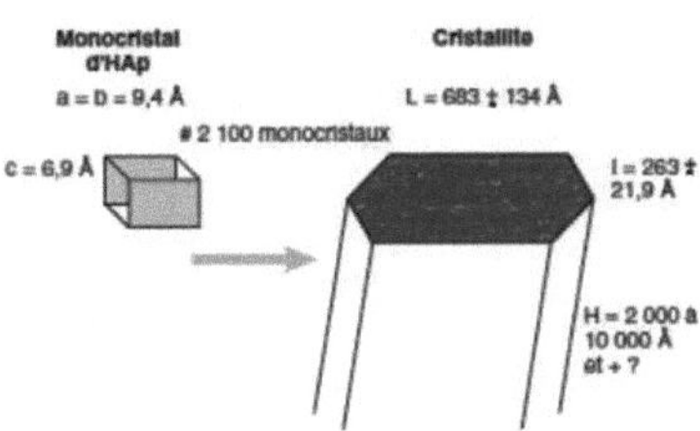

Figure 3 : Schématisation d'un monocristal d'Hydroxyapatite (HAp) et de son assemblage en cristallite (d'après Goldberg, 2008 - modifié).

La susceptibilité de ces cristaux à la dissolution par des acides constitue la base chimique de la maladie carieuse. L'ion OH- de l'hydroxyapatite peut être remplacé par le fluor, le chlore ou le carbonate. De même, d'autres ions comme le strontium, le magnésium, le plomb et le fer peuvent s'incorporer dans les mailles cristallines s'ils sont présents lors de la formation de l'émail.

1.2 Structure de l'émail

1.2.1 Structure microscopique : les prismes d'émail

Les cristallites s'assemblent pour former des prismes et une substance interprismatique (figure 4A1.). L'alternance prismes/interprismes de l'émail prismatique oriente les cristallites appartenant à ces microstructures à 60° les uns par rapport aux autres (Goldberg, 2008) (figure 5). Cet ensemble constitue l'émail prismatique, par opposition à l'émail aprismatique (aux bords de la couche amélaire). L'émail aprismatique est constitué de cristaux qui ne présentent pas d'organisation spécifique (Licht, 2001; Nanci et Goldberg, 2001). Quand tous les cristallites sont parallèles entre eux, on obtient des couches d'émail aprismatique, visibles soit au voisinage de la jonction amélo-dentinaire (émail aprismatique interne de 10 μm d'épaisseur), soit à la surface de l'émail (émail aprismatique externe).
Lors de la phase de sécrétion, les améloblastes s'éloignent de la dentine afin de permettre la croissance en épaisseur du tissu et se déplacent en groupe en coulissant les uns par rapport aux autres formant le patron caractéristique de décussation des prismes de l'émail chez les murins (Reith et Ross, 1973) (figure 4A2. et 4A3.) ou le patron de prismes « noués » chez l'humain (Boyde, 1989) (figure 4B.).

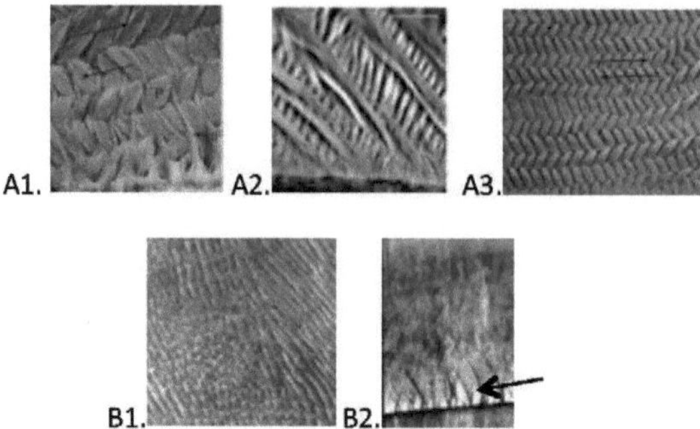

Figure 4 : A. Différentes sections d'émail de souris. A1. Section transversale d'émail prismatique illustrant les prismes (P) et la substance interprismatique (IP). A2. Section longitudinale et A3. Section tangentielle obtenue en MEB illustrant la décussation des prismes de l'émail d'incisive de souris. Echelle 10 µm (Bartlett *et al.*, 2011 ; Moinichen *et al.*, 1996 - modifié). B1. Image d'émail humain en MEB. B2. Prismes torsadés (flèche noire) au niveau de la Jonction émail-dentine (JED) formant les prismes « noués » (Atlas d'histologie humaine et animale, 2007).

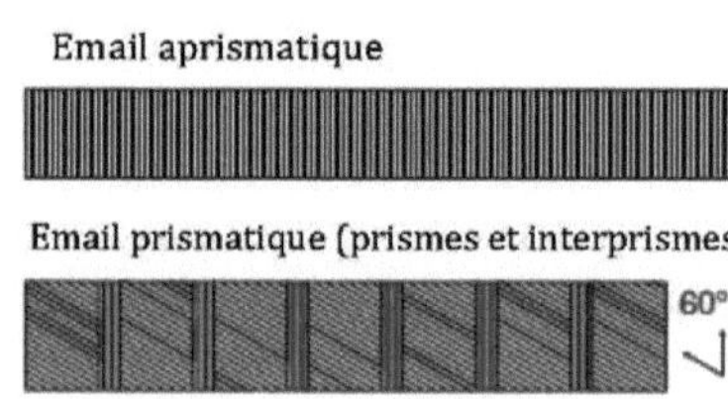

Figure 5 : Schématisation des deux différentes organisations des cristallites de l'émail (structure prismatique ou structure aprismatique) (d'après Goldberg, 2008 - modifié).

1.2.2 Les structures macroscopiques

Les bandes de Hunter-Schreger (décrites en 1771 par John Hunter puis en 1800 par Christian Heinrich Theodor Schreger) : ce sont les bandes qui partent de la surface dentinaire et traversent les 2/3 de l'épaisseur de l'émail. Quel que soit le plan de coupe, des bandes sombres (diazonies) alternent avec des bandes claires (parazonies) et sont perpendiculaires à la jonction émail-dentine (JED) (Nanci, 2012) (figure 6A.).

Périkymaties

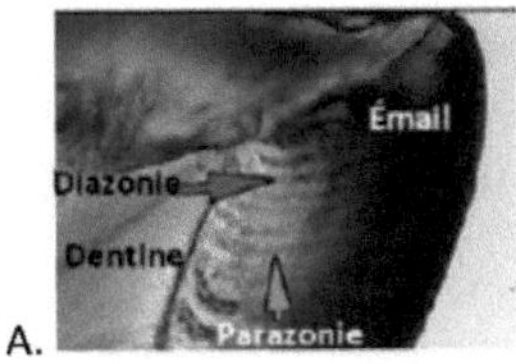

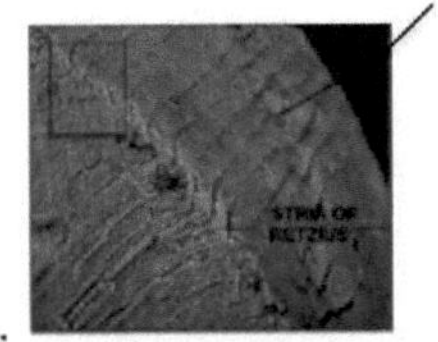

Figure 6 : A. Bandes de Hunter-Schreger (d'après Nanci, 2012 - modifié). B. Périkymaties sur la surface vestibulaire d'une incisive humaine. Microscopie électronique à balayage (d'après Guatelli-Steinberg *et al.*, 2005 - modifié).

Les stries de Retzius (figure 7) : ce sont des lignes brunâtres parallèles à la JED qui résulteraient de la formation par couches de l'émail. Il a été récemment proposé que les stries de Retzius représentent une ligne de démarcation entre les différents groupes de prismes (Goldberg, 2008 ; Nanci, 2012).

La ligne néo-natale est la première strie de Retzius à apparaître et c'est la plus épaisse par rapport aux suivantes (figure 7). Elle apparaît à la naissance (n'affecte donc que les dents temporaires et la 1ère molaire permanente) et témoigne des perturbations importantes lors du passage de la vie intra-utérine à la vie extérieure c'est pourquoi elle est plus foncée que les autres stries. Elle délimite l'émail prénatal de l'émail post-natal.

Les touffes d'émail sont des structures arborescentes, disposées longitudinalement, allant de la jonction amélo-dentinaire jusqu'au tiers de l'épaisseur de l'émail (figure 7).

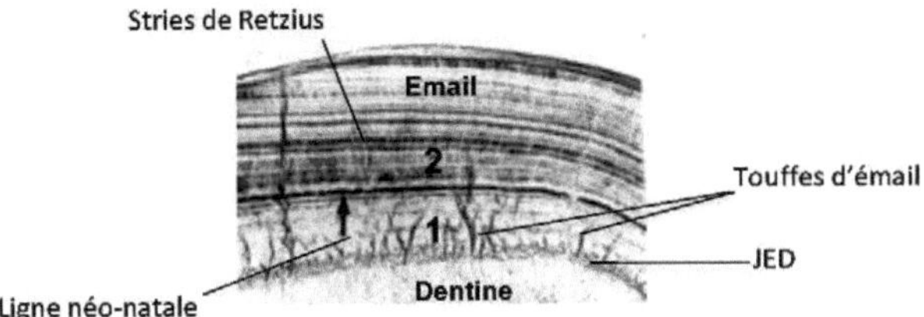

Figure 7 : Stries de Retzius au sein de l'émail d'une dent humaine. La flèche noire représente la ligne néo-natale. L'émail noté en 1 s'est formé chez l'embryon, tandis qu'en 2, il est post-natal (d'après Atlas d'histologie humaine et animale, version 1.2, Mars 2007).

- **Le fuseau dentinaire :** correspondent à des prolongements cytoplasmiques des odontoblastes qui auraient pénétré entre les améloblastes avant l'apparition de l'émail et qui seraient restés ainsi emprisonnés. Ils sont retrouvés seulement occasionnellement dans l'émail.
- **Les périkymaties :** ce sont des sillons qui apparaissent à la surface des dents et qui représentent la manifestation extérieure des stries de Retzius. Ces sillons sont parallèles les uns aux autres ainsi qu'à la jonction amélo-cémentaire ou au collet de la dent (Nanci, 1989; 2012) (figure 6B).

1.3 Les constituants de la matrice amélaire

Les protéines de la matrice amélaire (tableau 2) sont synthétisées et sécrétées par les améloblastes sécréteurs (décrits ci-après). Après dégradation enzymatique, elles sont largement réabsorbées par les améloblastes post-sécréteurs. Elles initient et orientent les processus de nucléation extracellulaire (96 % de charge minérale finale).

- Protéines contribuant à la croissance appositionnelle de l'épaisseur de l'émail et synthétisées lors du stade de sécrétion.

	Poids moléculaire	Localisation	Fonction présumée
Amélogénines	– Gène : chromosome X (et aussi Y) – 28, 25, 21-20, 11, 8, 7 kDa – Un site de phosphorylation en sérine 16 sur le segment TRAP	Ensemble de l'émail en formation Améloblastes et autres cellules : odontoblastes, cellules intestinales, neurones, rein, etc.	Orientation, nucléation des cristallites Molécule de signalisation
Énaméline	– Chromosome 4 (humain), 5 (souris) q21 – 186 kDa clivée en 155, 142 et 89 kDa, donne une molécule de 25-32 kDa – Glycosylée : bi- ou tri-antennée, 3 sites de phosphorylation	5 % de la matrice amélaire Gradient de la surface vers la profondeur	Nucléation-élongation des cristallites
Améloblastine (améline, *sheathline*)	– Chromosome 4q21 (humain), 5 (murin) – Naissante : 62-70 kDa à la surface de l'émail, 13-17 kDa en profondeur	Préodontoblastes, odontoblastes, améloblastes Partie superficielle de l'émail en formation	– Molécule d'adhésion – Inhibe la prolifération – Maintient la différenciation cellulaire

Récemment, une nouvelle protéine intracellulaire des améloblastes sécrétoires, FAM83H a été identifiée dans une pathologie héréditaire de l'émail (l'amélogenèse imparfaite hypocalcifiée) (Lee *et al.*, 2008 ; Kim *et al.*, 2008).

- Protéine résiduelle ne possédant pas de peptide signal (donc non sécrétée dans l'espace extracellulaire). Présente essentiellement au niveau de la jonction émail-dentine.

Tuftéline	– Chromosome 1 – 43,8 kDa (native 55 kDa-> 22 kDa) – 1 site de glycosylation, et 7 sérine thréonine de phosphorylation	Améloblastes Mais aussi rein, poumon, foie, testicules

- Protéines impliquées dans la dégradation des amélogénines et protéines non amélogénines

Enzymes	– MMPs : MMP-2, MMP-3, MMP-20, MT1-MMP – Sérine protéase 17 : kallikréine 4 KLK4 – Phosphatases acide et alcaline

- Protéines en relation avec la lame basale recouvrant l'émail en cours de maturation et l'émail pré-éruptif.

Amelotine	– Chromosome 4q13.3 (humain), 5 souris – 21,6 kDa	Interface améloblastes postsécréteurs et membrane basale sur émail en cours de maturation	Molécule d'adhésion Maturation ?

| APIN ou Odam | – Chromosome 4q13.3 (humain) | Interface améloblastes postsécréteurs et membrane basale sur émail en cours de maturation | Molécule d'adhésion Maturation ? |

- **Autres protéines**

Glycoprotéines et protéoglycannes (et GAGs)	– GAGs mis en évidence histochimiquement – DCN, BGN – Glycoprotéine sulfatée à demi-vie courte		BGN : interaction avec amélogénine Inhibiteur de formation de l'émail natif
Protéines à expression transitoire	DSPP, DSP, DMP-1, BSP	Uniquement présent au début de l'amélogenèse	
Protéines liant le calcium	– Annexines – Calbindines, calmoduline (EF-hands)	Intracellulaires et extracellulaires après accompagnement des protéines sécrétées	

Abréviations : ODAM : Protéine odontogénique associée aux améloblastes. DCN : décorine. BGN : biglycan.

Tableau 2 : Composition de la matrice organique de l'émail en cours de formation (d'après Goldberg *et al.,* 2008 - modifié).

- De plus, les protéines membranaires échangeuses d'ions exprimées par les améloblastes au stade de maturation (stade décrit ci-après) jouent également des rôles déterminants. Par exemple l'AE2 (l'échangeur d'anion 2) qui permet l'échange entre le chlore extracellulaire et l'ion hydrogénocarbonate intracellulaire ou le régulateur transmembranaire de la « fibrose kystique » qui est un canal chlore (Cftr) participent à la régulation du pH et au dépôt de minéral.

- Les lipides et phospholipides (membranaires et matriciels) ont été identifiés dans l'émail. Ils constituent à peu près la moitié de la matrice organique de l'émail. Ces phospholipides acides semblent être impliqués dans les processus de minéralisation (Goldberg et Septier, 2002). L'albumine est la principale protéine de liaison des acides gras dans les fluides extracellulaires (Van der Vusse, 2009) et peut de ce fait se retrouver dans la matrice amélaire.

2. <u>Amélogenèse : physiologie</u>

L'amélogenèse est la formation de l'émail par les améloblastes. Elle comprend la synthèse et la sécrétion des protéines de la matrice de l'émail, la minéralisation puis la maturation de l'émail. L'amélogenèse est classiquement subdivisée en trois étapes fonctionnelles : la pré-sécrétion, la sécrétion et la maturation. Néanmoins, le cycle de vie des améloblastes comprend cinq phases bien définies chez l'homme et les rongeurs : la pré-sécrétion, la sécrétion, la transition, la maturation et la post-maturation appelée stade de pigmentation chez les murins ou plus communément stade de protection chez l'humain (où les cellules prennent le nom de « cuticule de Nasmyth »). Chacune de ces étapes est définie par une morphologie et une fonction bien précises des améloblastes (figure 8).

2.1 Les améloblastes : les différentes phases de leur vie

Les améloblastes sont alignés sur une unique couche cellulaire recouvrant l'émail en formation et sont responsables de sa composition. Les améloblastes font partie intégrante de l'organe de l'émail qui est composé par l'épithélium adamantin externe, le réticulum étoilé, le stratum intermedium et l'épithélium adamantin interne correspondant à la couche d'améloblastes. Pour chaque dent, les améloblastes passent successivement par les différentes phases de différenciation suivantes (figure 10).

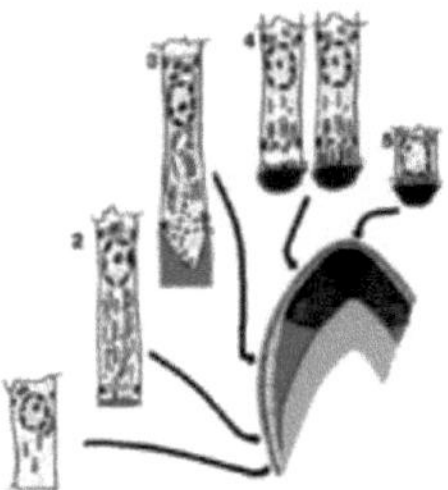

Figure 8 : Représentation schématique des différents stades fonctionnels des améloblastes (d'après (3) - modifié).

Sur une dent humaine (figure 8) au stade de formation de la couronne uniquement (durant une fenêtre temporelle précise), on peut voir toutes les phases de la vie d'un améloblaste. Pour l'incisive de rat à croissance continue, ces phases sont présentes et étudiables simultanément indépendamment de l'âge de l'animal (figure 17).

2.1.1 Phase de pré-sécrétion

L'améloblaste pré-sécréteur correspond au stade d'histo-différenciation (cellule 1, figure 9). En devenant améloblaste pré-sécréteur, le pré-améloblaste sort du cycle mitotique et évolue donc en une cellule post mitotique (qui ne se divise plus). Cette sortie du cycle est couplée avec celle des odontoblastes avec un décalage dans le temps de 24h à 66h chez l'humain. Histologiquement, au cours de sa différenciation en améloblaste pré-sécréteur (figure 9), le pré-améloblaste s'allonge (il devient prismatique) et son noyau migre en direction du stratum intermedium vers le pôle proximal de la cellule (l'améloblaste pré-sécréteur est une cellule polarisée). La majorité des organites de synthèse (réticulum endoplasmique granulaire, appareil de Golgi) s'accumule au pôle de la cellule en contact avec la membrane basale, pôle distal de la cellule. Les citernes du réticulum endoplasmique granulaire, dont le nombre augmente, se disposent parallèlement au grand axe de la cellule et de nombreux lysosomes apparaissent. Les éléments du cytosquelette s'accumulent dans la région distale de la cellule. Cette accumulation s'accompagne de la formation d'un deuxième complexe de jonction circulaire au pôle distal de la cellule. L'alignement des améloblastes pré-sécréteurs est ainsi maintenu par deux complexes de jonction qui encerclent les cellules à leur extrémité distale (proche de la membrane basale) et proximale (proche du stratum intermedium). L'améloblaste pré-sécréteur acquiert donc progressivement les caractéristiques d'une cellule sécrétrice.

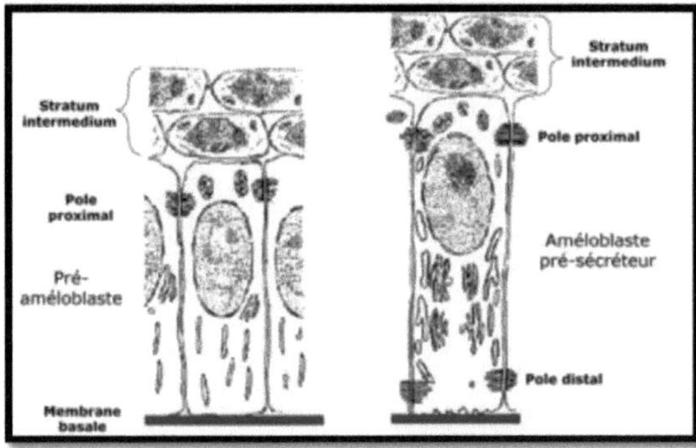

Figure 9 : Description histologique d'un améloblaste pré-sécréteur (d'après (3) - modifié).

Avant la formation du minéral de l'émail, l'une des premières étapes à se dérouler lorsque les améloblastes sont à ce stade est le dépôt de la prédentine par les odontoblastes à la future JED. Cela a lieu au niveau des pointes cuspidiennes et progresse en direction des régions cervicales de la dent. Immédiatement après la minéralisation initiale de la dentine près de la JED, les pré-améloblastes en différenciation présentent des projections de leur cytoplasme à travers la membrane basale qui se détruit progressivement. Ensuite les améloblastes initient la sécrétion des protéines de la matrice amélaire (Nanci, 2012).

2.1.2 Phase de sécrétion

Elle est caractérisée par deux types d'améloblastes sécréteurs (cellules 2 et 3, figure 8) :

Premièrement, l'améloblaste sécréteur sans prolongement de Tomes (figure 10) qui secrète la première couche d'émail aprismatique interne d'une épaisseur de 10 µm. Lorsqu'un améloblaste pré-sécréteur se transforme en un améloblaste sécréteur sans prolongement de Tomes, la cellules s'allonge (elle atteindra 70 µm de hauteur et 4 µm de largeur), elle se polarise de plus en plus, et elle augmente le nombre et l'organisation de ses organites de synthèse. De nombreuses vésicules de synthèse sont acheminées vers le pôle distal de la cellule (pôle proche du manteau dentinaire) où des images d'exocytose sont observées. C'est le début de la sécrétion des protéines de l'émail. La première couche de l'émail aprismatique est sécrétée directement au contact du manteau dentinaire.

Figure 10

Puis l'améloblaste sécréteur acquiert un prolongement de Tomes (figure 11). Dès que l'émail aprismatique interne est déposé, les améloblastes forment à leur pôle distal un court prolongement de forme conique appelé prolongement de Tomes.

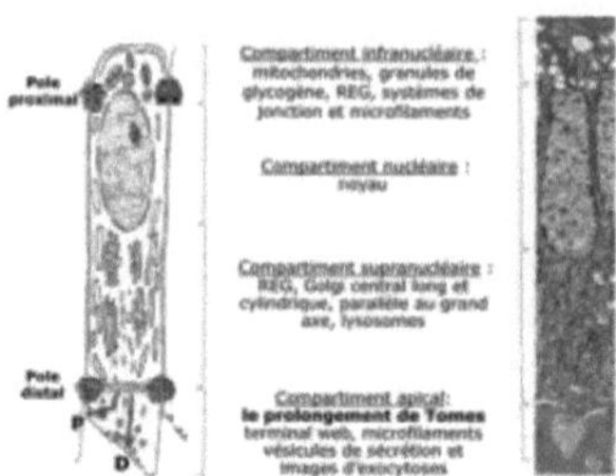

Figure 11 : Améloblaste sécréteur avec prolongement de Tomes. En Microscopie électronique à transmission (MET), cet améloblaste présente une ultrastructure en 4 compartiments décrits ci-dessus (d'après (3) - modifié).

Il existe deux sites distincts de sécrétion du minéral de l'émail :
- Le site de sécrétion proximal (P sur la figure 11) secrète la substance inter-prismatique qui entoure le prolongement de Tomes. La substance inter-prismatique est secrétée par plusieurs améloblastes voisins.
- Au niveau du site de sécrétion distal (D sur la figure 11), chaque améloblaste sécrète un prisme.

Le rythme de l'amélogenèse est de 4 µm d'émail par jour chez l'humain (il est de 6 µm chez la souris et de 12-13 µm chez le rat) (Rönnholm, 1962) avec une phase de synthèse active et une phase de repos pendant laquelle il y a un peu moins d'émail sécrété.

Ces deux sites de sécrétions accumulent les mêmes protéines (tableau 2) afin de former les prismes ou la substance inter-prismatique. Le stade de sécrétion est très riche en protéines et présente une consistance de « gelée translucide». A ce stade, les améloblastes secrètent trois protéines structurales majeures : l'amélogénine, l'améloblastine et l'énaméline ainsi qu'une protéinase majoritaire, la métalloprotéinase 20 (MMP20) ou énamélysine. L'amélogénine représente 80 à 90% de la matière organique alors que l'améloblastine et l'énameline représentent respectivement 5 et 3-5% (Hu *et al.,* 2008). Cependant, la fonction précise de ces protéines n'est pas encore clairement établie (Bartlett, 2013). A la fin de la sécrétion, l'émail a atteint son épaisseur finale.

2.1.3 Phase de transition

Le stade de transition (figure 12) marque la fin de la phase
de sécrétion. En effet, lorsque l'améloblaste a sécrété une
épaisseur suffisante d'émail immature, 25% des
améloblastes vont disparaitre par apoptose. Les
améloblastes restant raccourcissent, s'élargissent, ce qui
permet de couvrir encore la surface d'émail malgré la
perte d'un améloblaste sur quatre. Ces cellules vont perdre
leur prolongement de Tomes et on assiste à une forte
diminution de la quantité d'organites de synthèse. Ces
organites sont dégradés à l'intérieur de la cellule par leurs
lysosomes. Les améloblastes de transition ne synthétisent
plus de protéines matricielles mais une sorte de lame
basale qui adhère à la surface de l'émail immature. Cette
lame basale pourrait aider à la régulation des échanges
entre l'émail immature et le follicule dentaire via la couche
papillaire (figure 13). En effet, à ce stade, des ions calcium
issus du follicule pénètrent dans la couche papillaire.
(Goldberg, 2008 ; figures 12 et 13 d'après Alliot-Licht, 2011
- modifiées).

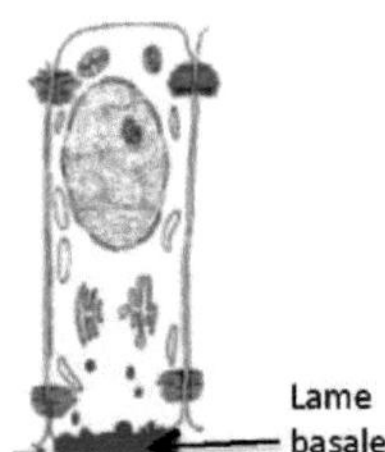

Figure 12 :
Améloblaste de
transition (70 µm)

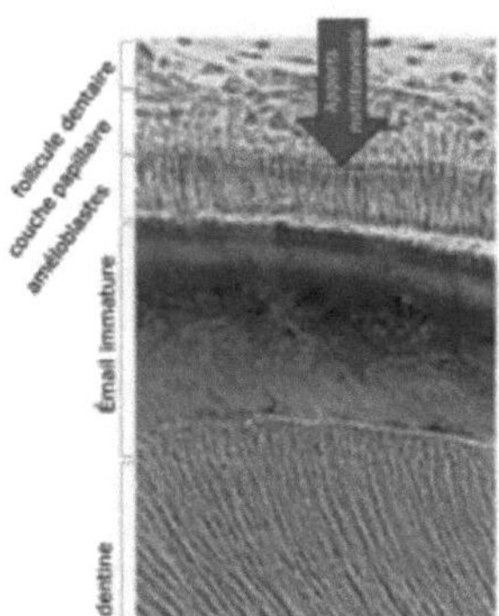

Figure 13 : Microscopie photonique montrant l'arrivée des apports nutritionnels et des ions
calcium du follicule dentaire allant vers la couche papillaire et les améloblastes.

2.1.4 Phase de maturation

A ce stade, 25 % d'améloblastes supplémentaires vont disparaître par apoptose. La phase de maturation correspond à une phase de croissance en épaisseur et en largeur des cristaux d'émail. Les améloblastes (cellule 4, figure 8) réduisent encore de taille et le nombre de leurs organites de synthèse et s'élargissent. Ils présenteront à leur pôle distal deux aspects morphologiques différents : un aspect lisse ou un aspect plissé, et ces aspects sont associés à des variations des systèmes de jonction proximaux et distaux (figure 14). Lorsque la cellule présente un aspect plissé, elle n'a que les systèmes de jonction distaux serrés (étanches) et les systèmes de jonctions proximaux deviennent lâches (perméables). A l'inverse, lorsque la cellule présente un aspect lisse, elle n'a que les systèmes de jonction proximaux serrés (étanches) et les systèmes de jonction distaux deviennent lâches (perméables). Les améloblastes de maturation effectuent une modulation, créant de façon cyclique une bordure plissée puis une bordure lisse à leur pole distal. Pendant la phase de maturation, chaque améloblaste passera d'un pôle distal lisse à plissé 5 à 7 fois lors d'un cycle d'amélogenèse. L'améloblaste passera 80 % de son temps avec une bordure plissée et donc 20 % de son temps en bordure lisse. Le rôle de cette modulation est incertain mais elle semble être en relation avec une balance entre l'acidification et la neutralisation du pH de l'émail immature, l'élimination des fragments protéiques et le transport du calcium vers l'émail pour permettre la croissance des cristaux (Robinson *et al.,* 1995 ; Goldberg, 2008 ; Hu *et al.,* 2007 ; Alliot-Licht, 2011, Nanci, 2012).

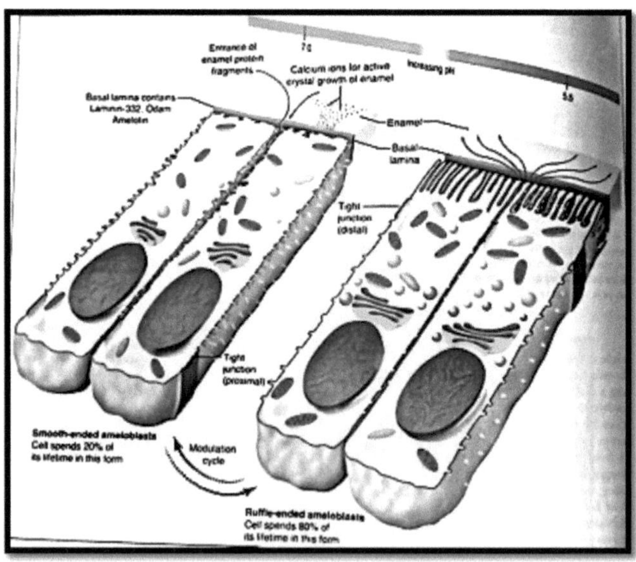

Au niveau d'une incisive à croissance continue de rongeur, le schéma suivant permet de bien visualiser l'enchainement des stades de différenciation des améloblastes de la gauche vers la droite. Autrement dit de la loop apicale vers le bord libre de l'incisive.

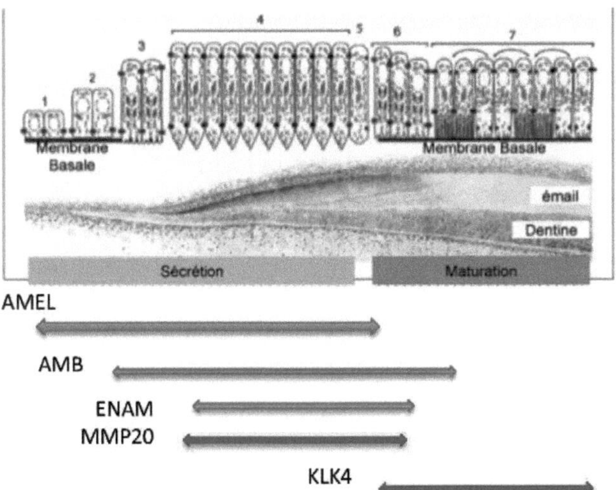

Figure 15 : Récapitulation schématique des changements structuraux des améloblastes lors de la formation de l'émail et expression spatio-temporelle des protéines majeures de la matrice amélaire. AMEL : Amélogénine. AMB : Améloblastine. ENAM : Enaméline. KLK4 : Kallikréine 4 (d'après Uchida *et al.*, 1991 ; Hu *et al.*, 2007 - modifié).

(1) Les cellules de l'épithélium adamantin interne adhérent à une membrane basale. (2) Ces cellules s'allongent et se différencient en améloblastes au dessus de la matrice prédentinaire. (3) Les améloblastes pré-sécrétoires, avec un prolongement traversant la membrane basale dégénérative, initient la sécrétion des protéines de l'émail sur la surface villeuse de dentine minéralisée. (4) La membrane basale est maintenant complètement inexistante. Après établissement de la jonction amélo-dentinaire et de la minéralisation d'une fine couche d'émail aprismatique, les améloblastes sécrétoires développent un prolongement de Tomes le long duquel la membrane basale est inexistante et où il y a sécrétion des protéines de l'émail au niveau du front de minéralisation où les cristaux d'émail croissent en longueur. Chaque prisme d'émail suit un prolongement de Tomes issu d'un améloblaste unique qui se retire progressivement suivant un mouvement centrifuge. (5) À la fin du stade sécrétoire, les améloblastes perdent leur prolongement de Tomes et produisent une fine couche d'émail aprismatique. (6) Au stade de transition, les améloblastes entreprennent une restructuration majeure qui diminue leur activité sécrétoire et change le type de protéines sécrétées. (7) Lors du stade de maturation, les améloblastes subissent la

« modulation ». Une sérine protéase commence à être sécrétée lors du stade d'initiation de la maturation, la KLK4, permettant de dégrader la matrice protéique accumulée. De plus, une nouvelle protéine associée à une nouvelle membrane basale au pôle apical des améloblastes de maturation est sécrétée, l'amélotine.

2.1.5 Phase de post-maturation, dite de pigmentation (pour les murins) ou de protection (chez l'humain)

Seuls 50 % des améloblastes de départ atteignent ce stade (Smith et Warshawsky, 1977). Lorsque l'émail est complètement mature les améloblastes se raccourcissent en passant graduellement de 50 µm à 20 µm (figure 16). Ces améloblastes deviennent pigmentaires, c'est à dire qu'ils accumulent des pigments ferriques. Ces derniers vont ensuite s'incorporer et pigmenter (colorer en orange) la couche externe de l'émail externe sur une épaisseur d'environ 8-15 µm pour l'incisive de rat. Ces cellules cubiques vont alors former l'épithélium adamantin réduit qui couvre l'émail et jouent un rôle de protection. Puis chez le rat, elles fusionnent avec les cellules épithéliales gingivales. Chez l'humain, elles forment une structure résiduelle, la cuticule endogène de Nasmyth, couche résiduelle qui sera déchirée et éliminée rapidement après la mise en place de la dent sur l'arcade (Sasaki *et al.*, 1990 ; Goldberg, 2008).

Figure 16 : Représentation d'un améloblaste au stade de protection (20 à 35 µm).

Au stade de pigmentation, de nombreuses et larges vésicules pigmentées sont présentes dans le cytosol des améloblastes. Les améloblastes au stade de pigmentation contiennent des vésicules avec du matériel granulaire. Des hémidesmosomes permettent l'attachement des améloblastes à l'émail ainsi que la liaison du pôle basal à la couche papillaire. Au stade de la libération des pigments, les vésicules pigmentées s'appauvrissent de granules de ferritine (approfondie dans la dernière partie de l'introduction).

En conclusion, dans l'incisive de rat, deux processus sont connus comme faisant partie de la fin de la maturation de l'émail :

1) Le transfert des pigments contenant du fer des améloblastes vers l'émail qui prend alors une couleur orangée (Butcher, 1953 ; Stein et Boyle 1959.)

2) La régression de l'organe de l'émail consistant en un raccourcissement des améloblastes, en la diminution en taille des autres cellules de l'organe de l'émail ainsi qu'en une réduction générale de la complexité de l'architecture cellulaire (Pindborg et Weinmann, 1959).

2.1.6 <u>Positionnement spatio-temporel de l'amélogenèse dans l'incisive de rat à croissance continue</u>

Les incisives de rats font leur éruption dans la cavité buccale 8 à 10 jours après la naissance (Addison et Appleton, 1915 ; Schour et Massler 1949). La vitesse de croissance de leurs incisives est très rapide. En effet, les incisives maxillaires de rat adultes croissent d'environ 2,2 mm par semaine (0,31-0,32 mm par jour) et leurs équivalentes mandibulaires d'environ 2,8 mm (0,4 mm par jour) (Addison et Appleton, 1915). Ainsi cela prend 40-50 jours pour avoir une nouvelle incisive générée à la base (loop apicale) et atteignant la pointe (bord libre). Une incisive n'a donc jamais plus de 40-50 jours d'âge (Schour et Massler, 1942). Concernant les molaires, les rats ont trois sets de molaires (1^{è}, 2ème et 3ème). La première fait sont éruption 19 jours après la naissance, la deuxième à 21 jours et la troisième molaire fait sont éruption entre le 35ème et le 40ème jour (Schour et Massler 1949).

La figure 17 montre la localisation des différents stades de différenciation des améloblastes le long de l'axe longitudinal d'une incisive mandibulaire de rat (21-25 mm de long). A titre de comparaison, la figure 18 permet de visualiser chez l'homme à un âge donné (depuis la période intra-utérine) quelles sont les dents en cours de formation et celles présentes sur les arcades.

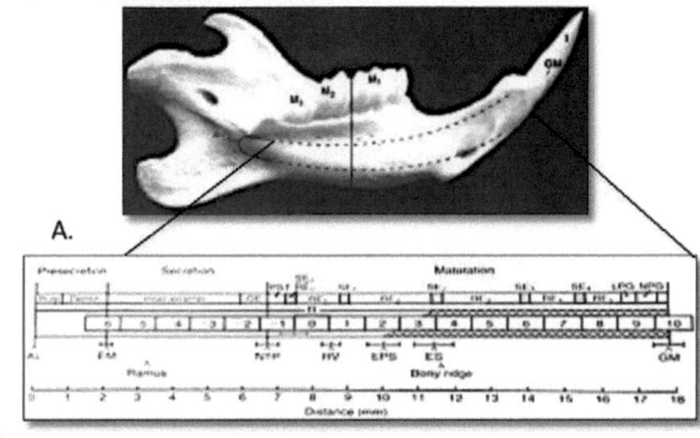

Figure 17 : A. Vue linguale d'une hémi-mandibule gauche de rat. La ligne continue perpendiculaire située entre la 1ère molaire (M1) et la 2ème (M2) marque la limite entre le stade de sécrétion à gauche et le stade de maturation à droite. AL : loop apicale ; GM : gencive marginale. La formation de l'émail progresse séquentiellement de l'extrémité apicale (loop) à l'extrémité incisale. B. Représentation schématique de la longueur curviligne de l'incisive de rat à croissance continue et cartographie régionale des « longueurs » occupées par les différents stades de différenciation des améloblastes. EM= début de la sécrétion de la matrice de l'émail ; EPS= émail partiellement soluble lors de la décalcification; ES= émail complètement soluble ; LPG= région où les améloblastes accumulent de larges granules pigmentés. NPG= région où les améloblastes ne montrent pas de pigments ; NTP= point marquant la perte du prolongement de Tomes des améloblastes sécrétoires ; PST= stade de transition post sécrétoire ; OE= région de sécrétion de l'émail externe ; RV= prismes visibles ; RE= bande d'améloblastes de maturation à bordure plissée ; SE= bande d'améloblastes de maturation à bordure lisse (d'après Smith et Nanci, 1989 ; Nanci, 2012).

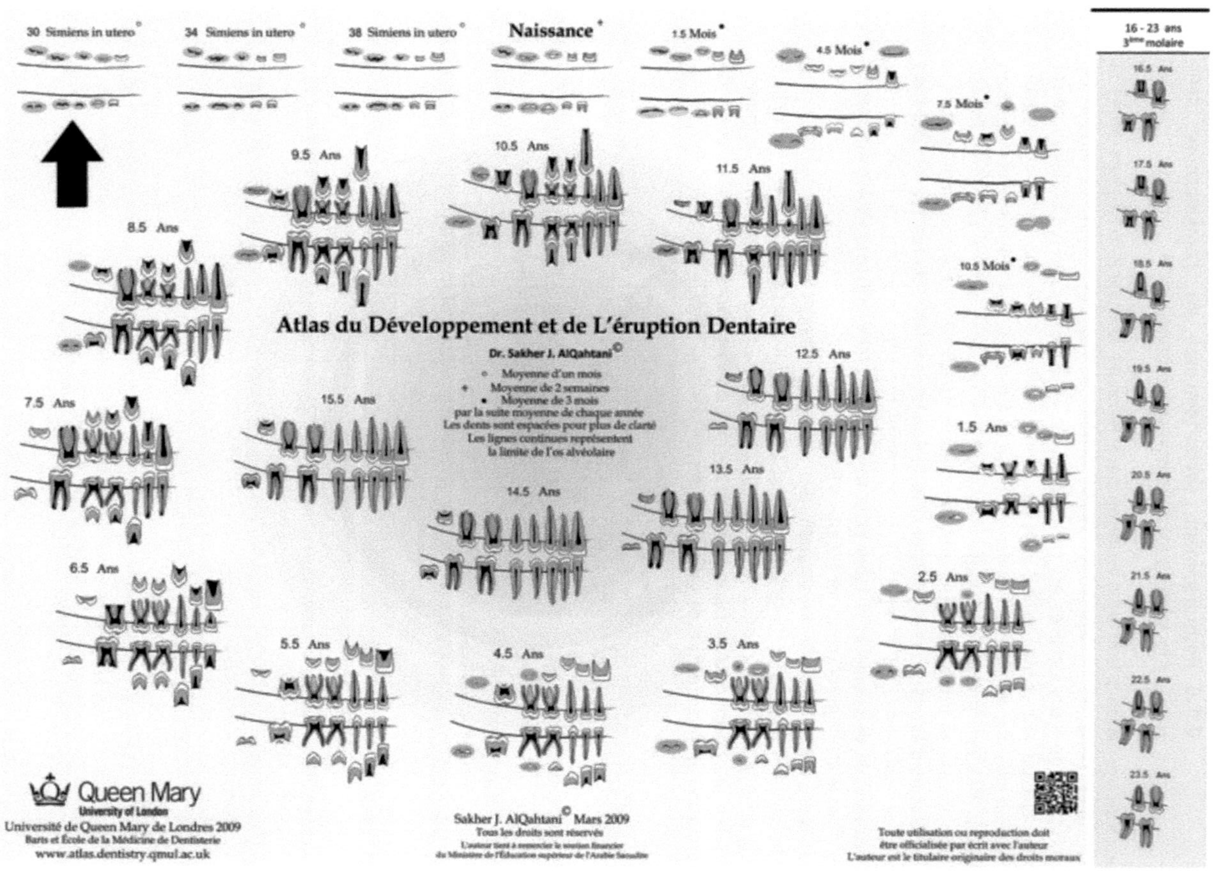

Figure 18 : Atlas du développement et de l'éruption dentaire chez l'homme.

LES ANOMALIES DE STRUCTURES DE L'EMAIL

1. <u>Les dysplasies de l'émail</u>

Bien que l'émail soit le tissu le plus dur de la dent c'est aussi paradoxalement le plus fragile. En effet, les défauts d'émail qui se manifestent le plus souvent par des taches ou des défauts quantitatifs ponctuels (trous, puits, lacunes) sont bien plus fréquents que les anomalies de la dentine ou du cément. D'un point de vue terminologique, toute altération de l'émail peut être désignée sous le terme générique « dysplasie de l'émail ». Cette dysplasie regroupe 3 entités distinctes : les hypoplasies, les hypominéralisations et les hypomaturations. Chacune de ces altérations histologiques de l'émail correspond à un défaut intervenant durant des phases spécifiques de l'amélogenèse.

La prévalence des défauts d'émail est plus élevée en denture permanente qu'en denture temporaire, mais extrêmement variable d'une étude à l'autre. Elle est en effet de 24 à 49 % en denture temporaire et de 9 à 63 % en denture permanente (Robles *et al.*, 2013).

1.1 Les hypoplasies

Les hypoplasies sont des altérations d'ordre quantitatif, se manifestant par un défaut de sécrétion de matrice amélaire. Cela se traduit cliniquement par une ou des régions localisée(s) dépourvue(s) d'émail ou par une diminution de l'épaisseur de tout l'émail de la dent. L'émail avoisinant l'altération présente en revanche une dureté et une teinte proche de la normale ou légèrement jaune. Les hypoplasies surviennent lors d'altération de la phase de sécrétion de l'émail.

1.2 Les hypominéralisations

Contrairement aux hypoplasies, les hypominéralisations sont des altérations d'ordre qualitatif où le processus de minéralisation lui-même est altéré. La matrice organique est alors en excès (Nanci *et al.*, 1989) mais l'émail est d'épaisseur normale. L'hypominéralisation est la forme la plus sévère d'altération de l'émail. Le degré de minéralisation est réduit ce qui se traduit par un émail friable, mou au sondage et avec un taux d'usure important. Il est généralement opaque, de couleur allant du blanc au jaune foncé. Le patient se plaint de douleurs importantes aux changements de température et à la mastication d'aliments durs. Les hypominéralisations surviennent lors de la phase de minéralisation de la matrice extracellulaire amélaire.

1.3 Les hypomaturations

Dans l'hypomaturation, la diminution de la minéralisation est moins sévère que dans l'hypominéralisation à proprement parler. L'hypomaturation se manifeste généralement sous forme d'une altération de teinte de l'émail variant du blanc crayeux au brun foncé. En revanche, il n'y a ni perte ni usure de l'émail dans la zone concernée. Les hypomaturations surviennent lors de la phase de maturation de l'émail.

1.4   Etiologies

Les étiologies de ces dysplasies sont très variables, elles peuvent être d'ordre :

- Génétiques : les amélogenèses imparfaites héréditaires syndromiques ou non syndromiques.
- Environnementales (anomalies pré-éruptives acquises) :
    - o intoxications au fluor (fluoroses dentaires), au plomb, au strontium
    - o expositions aux dioxines et composés aromatiques tricycliques chlorés
    - o prises d'antibiotiques tels que les tétracyclines ou l'amoxicilline lors de la formation des couronnes dentaires
- Traumatiques (non abordées ici)

2.   <u>Anomalies génétiques de l'émail : Les amélogenèses imparfaites héréditaires (AIH)</u>

Les défauts héréditaires de l'émail qui apparaissent en l'absence d'un syndrome général sont collectivement désignés amélogenèse imparfaite (AI). Les AIH sont des anomalies de structure de l'émail d'origine héréditaire dont la prévalence varie entre 1/700 dans une communauté du nord de la Suède (Backman et Holm, 1986) à 1/14000 aux USA (Witkop, 1988). Les AIH touchent autant les dents temporaires que les dents permanentes. Elles sont caractérisées par des dents dont la forme et le volume sont affectés par un manque d'émail et par une attrition précoce : les incisives perdent leur tranchant, les canines leurs pointes et les molaires leurs cuspides (figure 19). En revanche, la dentine sous-jacente garde une structure normale. Les AIH peuvent être divisées en 14 sous types différents basés sur le phénotype clinique et le mode de transmission (Witkop, 1988). Cependant, cliniquement cela peut être réduit à trois types principaux selon que l'émail est altéré en quantité ou en qualité : AIH hypoplasique, AIH hypocalcifiée et AIH hypomature (Bartlett, 2013) (tableau 3). Ces anomalies présentent des modes de transmission différents : autosomal dominant (AD), autosomal récessif (AR), dominant lié à l'X (XLD) ou récessif (XLR). L'émail peut être altéré dans sa structure, dans son épaisseur ou dans sa résistance. Les AIH non syndromiques sont dues à de multiples mutations dans 7 gènes différents intervenant dans le processus de formation de l'émail (Wright *et al.*, 2006; Gadhia *et al.*, 2012 pour revue ; Hu *et al.*, 2012) (tableau 4).

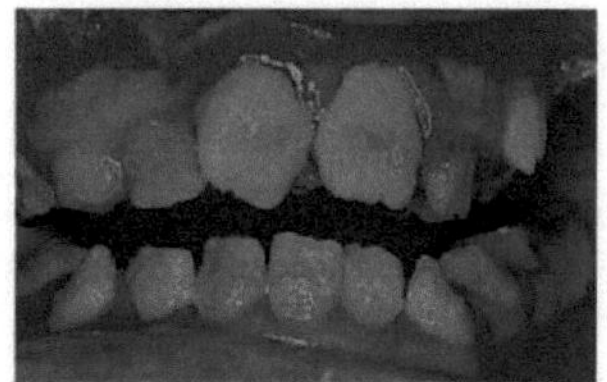

Figure 19 : Amélogenèse Imparfaite Héréditaire.

I. Formes hypoplasiques

Présentant un aspect piqueté (IA), autosomal dominant (AD)

Ou avec des hypoplasies localisées (IB-IC) (AD ou autosomal récessif [AR])

Ou des formes généralisées à l'ensemble de l'émail :

– lisses (ID, IE) (AD ou dominant liée à l'X [XLD])

– ou rugueuses (IF) (AD)

Ou allant jusqu'à l'absence totale d'émail (IG) (AR)

Toutes ces pathologies de l'émail s'accompagnent d'une diminution d'épaisseur de l'émail, de puits et rainures horizontales, avec ou sans coloration allant du jaune au brun.

II. Formes hypomatures

Hypomature pigmentée (II A) (AR)

Ou hypomature (IIB) (XLR)

Ou à couronne coiffée de neige (IIC)(XL)

L'épaisseur de l'émail est normale, ces formes s'accompagnent de colorations, de marbrures et d'opacités.

III. Formes hypocalcifiées

Hypocalcifiée (IIIA) (AD)

Hypocalcifiée (IIIB) (AR)

L'émail d'une épaisseur initialement normale s'use rapidement. Jaune, l'émail peut apparaître brun ou orange.

IV. Formes hypomatures/hypoplasiques et taurodontisme

Hypomature/hypoplasique (IVA)

Hypoplasique (IVB)

Ces formes s'accompagnent de marbrures brunes, de puits et d'aires hypominéralisées. L'émail peut présenter une épaisseur normale ou être fin. À ces altérations, les dents associent aussi un taurodontisme. Le mode de transmission de ces formes n'est pas connu, il est vraisemblablement autosomal dominant.

Tableau 3 : Classification des amélogenèses imparfaites selon Witkop (1989) (Goldberg, 2008).

Protéine	Fonction	Gène	Mutations rapportées	Auteurs (année)
Amélogénine	structurale	AMELX	15	Lagerstrom *et al.*(1991)
Enameline	structurale	ENAM	10	*Rajpar et al.*(2001)
Améloblastine	structurale	AMB	Pas encore identifiée chez l'homme	
MMP20	Protéase	MMP20	4	Kim *et al.*(2005) Ozdemir *et al.*(2005)
KLK4	Protéase	KLK4	2	Hart *et al.*(2004)
FAM83H	inconnue	FAM83H	15	Kim *et al.*(2008) Lee *et al.*(2008)
WDR72	inconnue	WDR72	4	El-Sayed *et al.*(2009)

Tableau 4 : Mutations génératrices d'AIH non syndromiques chez l'homme (Gibson, 2011 - revue).

3. <u>Anomalies pré-éruptives acquises de l'émail</u>

Nous décrirons dans ce chapitre les deux pathologies de structure acquises d'origine environnementales correspondant à une hypominéralisation de tout ou partie de l'émail et caractérisées par des discolorations de cette structure : d'une part, la fluorose dentaire, d'autre part une pathologie appelée « hypominéralisation molaires et incisives» ou MIH.
En présence de ces hypominéralisations amélaires diagnostiquées par des taches blanches opaques, la phase minérale se trouve fortement diminuée et remplacée par des fluides organiques. Ces défauts d'émail sont donc la conséquence d'altérations des taux de la composition chimique du substrat.
D'un point de vue optique, les taches blanches résultent d'une modification de l'indice de réfraction (IR) de l'émail. En effet alors que l'IR de l'émail sain est égal à 1,62 (identique à celui de l'hydroxyapatite), l'IR de l'émail hypominéralisé varie entre 1,33 (fluides organiques) et 1,62 selon le degré d'hypominéralisation. Ainsi, contrairement à l'émail sain où le rayon lumineux n'est réfléchi qu'au niveau de la JED, dans le cas de l'émail hypominéralisé le rayon lumineux rencontre de multiples interfaces d'indices de réfraction différents. A chaque interface, le rayon est dévié et réfléchi et la lésion hypominéralisée forme un « labyrinthe optique » perçu blanc/opaque par l'œil du fait de l'excès de luminosité (Denis et al., 2013).

3.1 La fluorose

3.1.1 <u>Définition</u>

Par définition, « la fluorose est une hypominéralisation de l'émail liée à une incorporation excessive de fluorures lors de sa formation » (Bronckers *et al.,* 2009 ; DenBesten et Li, 2011 ; Aoba et Fejerskov, 2002). En effet, un surdosage de fluor, c'est à dire une prise de fluor supérieure à 0,1 mg/kg/j, est responsable d'une fluorose dentaire. Cette dose est rapidement atteinte dans la mesure où l'eau de boisson notamment, a une teneur en fluor variant en moyenne de 0,3 à 0,5 mg/l. La dose prophylactique étant fixée à 0,05mg/kg/j par l'OMS.
La fluorose dentaire peut donc être considérée comme un marqueur biologique de l'intoxication chronique aux fluorures au cours des premières années de la vie, période de minéralisation des dents permanentes, avant leur éruption.

3.1.2 <u>Etiologie</u>

La fluorose dentaire est le résultat d'une ingestion excessive de fluorures lors de la formation dentaire. Deux sources primaires ont été identifiées comme potentiellement responsables de la prévalence de la fluorose dentaire : le fluor contenu dans l'eau de boisson et le fluor présent dans les produits dentaires dont les suppléments fluorés. Une autre source importante de fluor est le thé (figure 20).

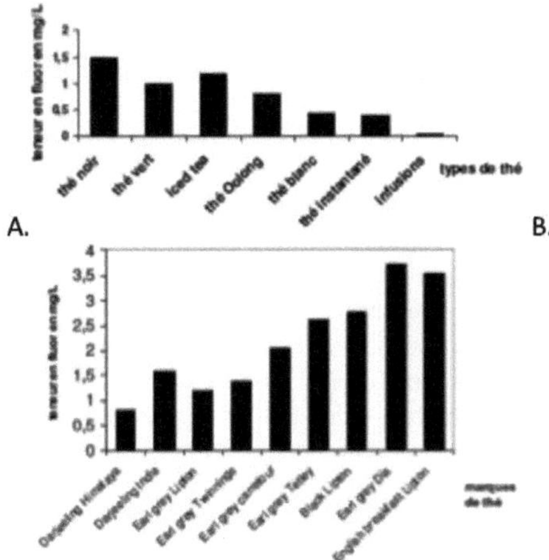

Figure 20 : A. Teneur en fluor des thés et produits dérivés. B. Thés noirs vendus en France et leur teneur en Fluor (d'après Emekli-Alturfan *et al.*, 2009 ; Malinowska *et al.*, 2008).

La fluorose de l'émail ainsi que de la dentine primaire ne peuvent survenir que lorsque les dents sont en développement. De ce fait, la fluorose dentaire ne se produit que pendant l'enfance et persiste tout au long de la vie du fait de l'irréversibilité de l'atteinte.

3.1.3 Prévalence

Il y a peu d'études concernant la fluorose en France. En effet, la dernière enquête date de 1998 lors d'une étude de l'Union Française pour la Santé Bucco-Dentaire (Hescot et Roland, UFSBD, 1999) et montre que 11,5% des enfants présentent une fluorose dentaire. Pour 2,75% il s'agit d'une fluorose légère selon la classification de Dean et pour 8,75% d'une fluorose douteuse correspondant plus à des hypoplasies qu'à des fluoroses.

Aux Etats-Unis, 23% de la population âgée entre 6 et 39 ans sont atteint d'une fluorose moyenne à sévère (Beltran-Aguilar *et al.*, 2005). De plus, l'institut national de recherche dentaire des Etats-Unis a relevé une augmentation de 9% des cas de fluorose en 15 ans, entre 1986 et 2002.

Ces fluoroses dentaires (et osseuses) ont été décrites dans de nombreux autres pays du monde (Mexique, Argentine, Europe, Inde (Jolly *et al.*, 1968), Yemen (Claudon *et al.*, 1982), Tunisie, Algérie, Maroc, Chine (Dai *et al.*, 2004), Ethiopie, Tanzanie (Kaseva, 2006), et Kenya) constituent un réel problème de santé publique (Saraux *et al.*, 1994) (figure 21).

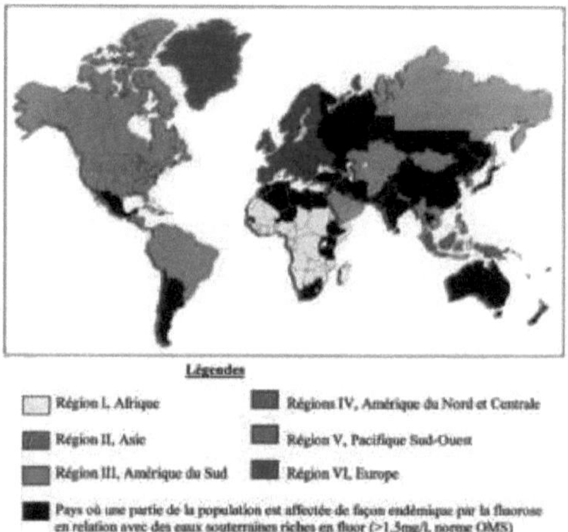

Figure 21 : Carte mondiale des fluoroses. En noir, les pays où une partie de la population est affectée de façon endémique par la fluorose en relation avec les eaux souterraines riches en fluor (>1,5 mg/l, selon la norme OMS).

3.1.4 Classifications et manifestations cliniques

Les fluoroses dentaires se caractérisent cliniquement par des hypoplasies associées à des discolorations, dont la sévérité varie en fonction de la dose et de la durée d'exposition au fluor. L'émail est opaque, mat, avec des taches ou marbrures blanchâtres ou brunâtres et des lacunes hypoplasiques. L'atteinte ne touche que les dents permanentes en cours de formation pendant la période de surdosage en fluor

(Kaqueler et Le May, 1998). Le diagnostic de fluorose intervient tardivement par rapport à la période d'intoxication puisqu'il se base sur l'observation clinique de la denture définitive à la suite de son éruption. Les atteintes de structure de l'émail sont symétriques, touchent des dents homologues et sont souvent généralisées à plusieurs groupes de dents. Suivant le type de dent et le niveau coronaire atteint, il est possible de façon présomptive de dater la période d'intoxication (figures 17 et 18).
Il existe trois classifications des fluoroses dentaires :

3.1.4.1 Classification de H.T. Dean

Les fluoroses dentaires sont classifiées selon un indice établi par H. Trendley Dean (dentiste du service de santé publique des États-Unis). Après avoir étudié la *maladie des dents marbrées (ou chinées)* dans les années 1930 et montré le lien entre cette maladie et la teneur en fluor de l'eau (en 1942), il a développé un index pour décrire, classer et diagnostiquer les fluoroses dentaires (Dean, 1956). Il a établi un score de dents fluorotiques en 6 catégories selon leur manifestations cliniques (*H.T. Dean's fluorose indice*) (figure 22) encore utilisé aujourd'hui comme système de classification par l'OMS. On l'applique à partir de la forme la plus grave de fluorose observée sur deux ou plusieurs dents du patient.

A.

Classification de Dean

Critères	Description de l'émail
Dent normale	Aspect lisse et glacé, couleur blanc-crème, surface claire et translucide.
Suspicion	Quelques taches blanches, ou points blancs.
Fluorose très légère	Petites taches opaques (évoquant des morceaux de papier blanc qui seraient collés sur la dent), couvrant jusqu'à 25 % de la surface de la dent.
Fluorose moyenne	Des zones opaques blanches couvrant jusqu'à 50 % de la surface de la dent.
Fluorose modérée	Toute la surface des dents est touchée, avec une usure marquée des surfaces en contact. Des taches brunes sont parfois présentes.
Fluorose grave	Toute la surface de toutes les dents est touchée ; avec piqûres discrètes éparses ou groupées. Présence de taches brunes.

B.

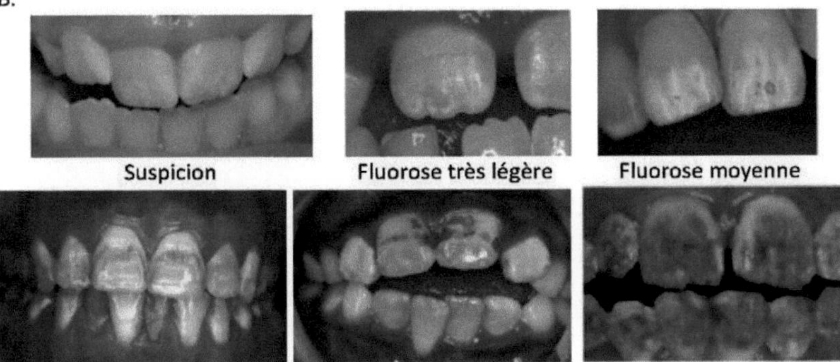

Figure 22 : A. Classification des fluoroses dentaires de Dean (1942). B. Photographies cliniques des différents stades de fluorose.

Cliniquement, les cas de fluorose dentaire moyens (selon l'index de Dean) sont caractérisés par une apparence blanche opaque de l'émail correspondant à une couche amélaire hypominéralisée et poreuse en subsurface. Le signe primaire est un changement de couleur mettant en évidence des lignes blanches horizontales (stries de retzius) suivant les périkymaties de la surface de l'émail (Moller, 1982).

Lorsque la fluorose est plus sévère, des défauts et/ou pertes de substance de la surface de l'émail sont visibles conduisant souvent en post-éruptif à une coloration secondaire associée (apparaissant de couleur marron). Les dents peuvent faire leur éruption avec des défauts (puits, fosses...) qui sont ensuite aggravés en post-éruptif allant de simples crevasses additionnelles à la fracture de pans d'émail (McKay, 1952). Dans ce cas, l'émail est très poreux, très faiblement minéralisé, et contient en poids moins de minéral et plus de protéines que l'émail sain.

Bien que le fluor impacte visiblement l'émail, l'excès de fluor perturbe également la minéralisation et la dureté de la dentine (Vieira *et al.*, 2005).

Cette classification est toujours la référence mais d'autres indices ont été développés depuis, comme l'indice largement utilisé de fluorose de Thylstrup et Fejerskov (TFI) (Thylstrup *et al.*, 1978).

3.1.4.2 Classification de Thylstrup et Fejerskov : 1996

Cette classification (figure 23) utilise une échelle ordinale et se base sur des caractéristiques histopathologiques appuyées d'analyses au microscope optique et à lumière polarisée dont les stades croissants corroborent l'augmentation de la concentration de fluorure dans l'émail. La classification de TF est plus sensible que l'index de Dean. De plus, alors que ce dernier expose les changements macroscopiques, celle de TF caractérise le patron histopathologique de la fluorose (figure 24). Cette classification est plus adaptée surtout pour les populations atteintes de formes sévères de fluorose. Elle contient 10 points de classification. La correspondance entre l'index de Dean et le TFI est la suivante : formes moyennes (TFI 1-3) ; formes modérées (TFI 4-5) ; formes sévères (TFI = 6–9).

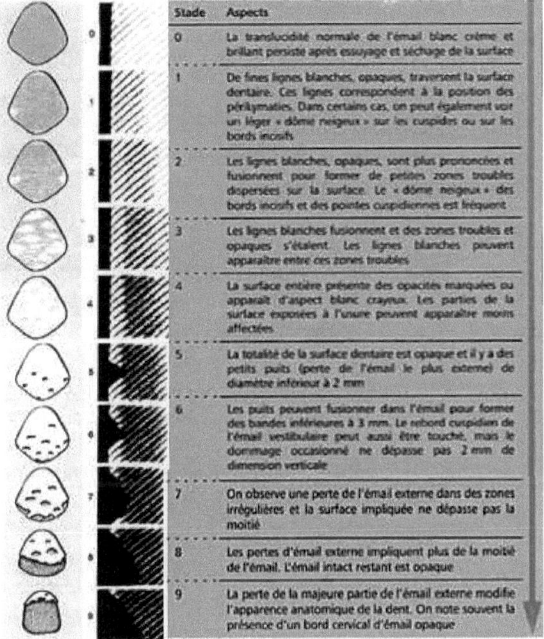

Figure 23 : Classification de Thylstrup et Fejerskov de la fluorose dentaire (1996) aussi appelée TF index (d'après Courson et Landru 2005 ; Thylstrup et Fejerskov, 1978 - modifié).

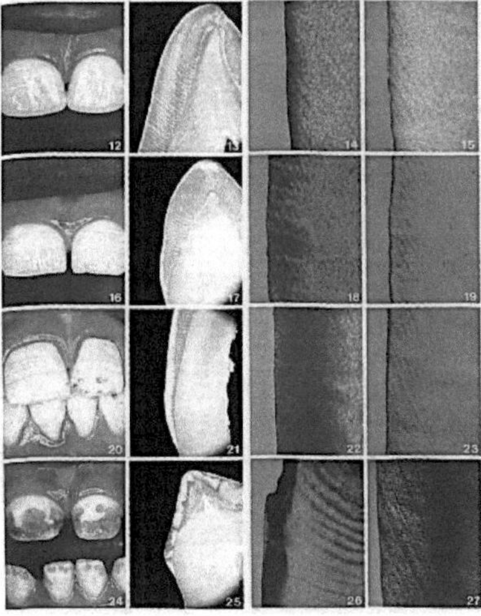

3.1.4.3 Index de surface de la fluorose dentaire (TSIF) d'Horowitz

Cette classification présente l'intérêt d'associer l'étendue de l'atteinte coronaire à l'aspect clinique qu'elle présente (tableau 5).

Stade	Critères cliniques
0	Aucune évidence de fluorose
1	La fluorose est limitée au sommet des cuspides, avec une coiffe neigeuse occlusale pour les molaires
2	Aspect en parchemin blanc sur <u>moins</u> de 2/3 de la surface amélaire
3	Aspect en parchemin blanc sur <u>au moins</u> de 2/3 de la surface amélaire
4	Aires de décoloration avec des plages allant du très clair au marron sombre
5	Piqueté discret avec coloration des puits
6	Piqueté discret et changement de couleur de l'émail
7	Confluence des puits formant de larges plages d'émail brun sombre, coexistant avec des plages où l'émail a disparu

Les données histopathologiques indiquent que les dents porteuses de fluorose dentaire (TSFI>4) présentent, sous une couche d'émail de surface hyperminéralisée, une hypominéralisation de subsurface impliquant le tiers externe de l'épaisseur de l'émail (Fejerskov *et al.,* 1994). La couche de surface est parfaitement minéralisée. La zone de déminéralisation s'étend en subsurface selon un angle obtus et ne concerne que la partie externe de l'épaisseur amélaire (figure 25a et 25b). A l'échelle macroscopique, la trame minérale n'est pas perturbée, il y a seulement une augmentation des porosités le long des espaces inter-prismatiques et des stries de Retzius permise par une diminution du nombre de cristaux et non de leur taille (Yanagisawa *et al.,* 1989). L'organisation prismatique de l'émail persiste mais les espaces libres amélaires sont occupés par des fluides ioniques et des protéines d'origine (matricielles ou exogènes) indéterminée (Wright *et al.,* 1996).

Il existe un gradient décroissant du taux de porosité entre la couche de subsurface et l'intérieur de l'émail (figure 25c) (1/4 de 25+ %, 1/4 de 10+ %, 1/4 de 5+ % et 1/4 de 1+ %); c'est à dire que l'émail le plus hypominéralisé se trouve en subsurface, puis retourne en profondeur progressivement à un taux de minéralisation normal.

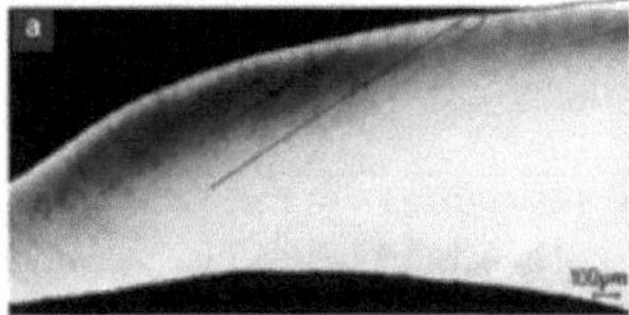
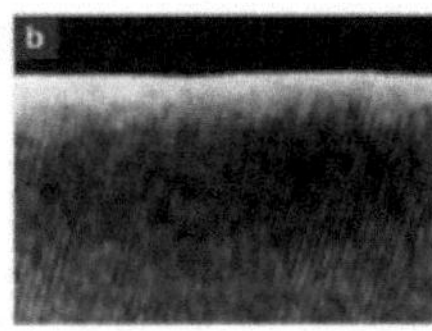
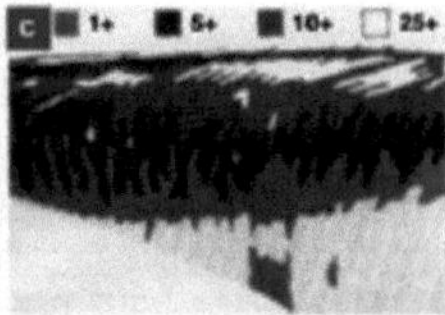

Figure 25 : Les caractéristiques anatomopathologiques d'une fluorose à partir de section transversale (la localisation cervicale des lésions fluorotiques sans perte de substance indique que nous sommes surement face à des fluoroses TSIF 2/3) : a : Microradiographie d'ensemble (d'après Yanagisawa, 1989) ; b : Microradiographie à plus fort grossissement (d'après Fejerskov *et al.*, 1994). c : Cartographie semi-quantitative obtenue par microscopie à lumière polarisée (d'après Fejerskov *et al.*, 1994). La porosité d'un émail fluorotique va de 1+ % à 25+ %.

3.1.5 Traitements

Le traitement des dents fluorotiques est limité. Pour les formes moyennes (TFI = 1-2), l'éclaircissement peut être recommandé associé ou non à la technique d'érosion et infiltration de résine composite fluide (Atlan *et al.*, 2012 ; Tirlet *et al.*, 2013). Les traitements de la fluorose modérée incluent la micro abrasion de la couche externe affectée dans un environnement acide (technique d'érosion et infiltration de résine). Des composites de restaurations combinés à de la micro abrasion ou l'application de facettes esthétiques peuvent être utilisés pour les patients avec un TFI≥5. Pour les patients avec un TFI 8-9, des couronnes dentaires sont nécessaires afin de restaurer entièrement ces dents (Akpata, 2001 ; Ng et Manton, 2007 ; Celik *et al.*, 2013).

3.1.6 Pathogénie

La majorité des études concernant les fluorations s'est focalisée sur l'émail qui est le premier tissu cible du fluor. Trois facteurs expliquant la sévérité des altérations de l'émail sont importants à prendre en compte :
1. La dose de fluorures ingérée (dont la concentration de fluor dans le plasma).
2. Le temps d'exposition aux fluorures
3. Le facteur génétique, c'est à dire la prédisposition

Chez les rongeurs, une dose de fluor comprise entre 25 et 100 ppm (soit entre 1,25 et 5 mM) dans leur eau de boisson conduit à un phénotype de fluorose dentaire. Chez l'humain l'équivalent induisant une fluorose correspond à un intervalle entre 1 et 10 ppm de fluor aboutissant à une concentration de fluor plasmatique de 0,02 à 0,2 mg/l identique aux rongeurs.
Les mécanismes affectés par une exposition chronique à faible dose de fluor sont susceptibles de différer par rapport à ceux affectés par une exposition aigüe à forte dose (Aoba *et al.*, 1990 ; Richards, 1990 ; Bronckers, 2009).
Des études chez l'humain et le petit animal ont montré qu'il est possible de développer une fluorose dentaire suite à une exposition au fluor au stade de

maturation de l'émail uniquement. L'exposition au fluor au stade de sécrétion uniquement chez le rongeur n'induit pas de changements de l'émail similaire au patron de la fluorose chez l'homme (Fejerskov *et al.*, 1979).

Si les dents atteintes de fluorose modérée sont plus résistantes à la carie du fait de la haute teneur en fluor à la surface de l'émail, les dents atteintes de fluorose sévère sont au contraire plus susceptibles à la carie du fait de la porosité ou de la perte de la couche amélaire externe protectrice (Ockerse et Wasserstein, 1955).

3.2   Le MIH "Molar Incisor Hypomineralization"

3.2.1   Définition »

L'hypominéralisation molaires-incisives plus communément désignée dans la littérature par l'acronyme anglo-saxon MIH est un défaut de structure amélaire connu depuis les années 1970, et décrit la première fois par Koch et al. en 1987. La définition du MIH a été donnée par Weerheijm en 2001 comme étant une « hypominéralisation d'origine systémique, affectant une à quatre premières molaires permanentes, associée ou non à une atteinte des incisives permanentes ». Cependant, l'atteinte des deuxièmes molaires temporaires ainsi que de la pointe cuspidienne de la canine définitive ou permanente a également été rapportée dans la littérature (Weerheijm *et al.*, 2001; Willmott *et al.*, 2008). Une étude épidémiologique prospective récente a démontré que plus l'atteinte des deuxièmes molaires temporaires est sévère, plus le risque d'avoir un MIH est important. Ainsi, les deuxièmes molaires temporaires peuvent servir de moyen de prédiction d'un éventuel futur MIH (Elfrink *et al.*, 2012).

3.2.2   Prévalence

D'après les résultats d'enquêtes épidémiologiques, la prévalence des MIH serait aujourd'hui comprise entre 3% et 25% avec une moyenne à 15% (Weerheijm *et al.*, 2003 ; Crombie *et al.*, 2008). Cet intervalle important varie en fonction des études réalisées (nombre d'enfants, critères de diagnostic...). Depuis quelques années, le MIH est devenu un vrai problème de santé publique du fait de la douleur associée à cette pathologie et aux coûts engendrés par les traitements (prothétiques ou implantaires).

3.2.3   Etiologie

L'étiologie du MIH reste encore mal définie. De nombreuses études épidémiologiques ont été menées, sans qu'aucun facteur ne ressorte vraiment. La seule donnée certaine est que le ou les facteurs causaux interviennent entre la fin de la grossesse et les premières années de vie de l'enfant (de 0 à 4 ans) période correspondant précisément à la minéralisation des incisives et des 1ères molaires permanentes (figure 18). Différentes pistes ont été évoquées : infections respiratoires ou oto-rhino-laryngologiques répétées (otites, bronchites), complications périnatales, faible poids à la naissance, déficit en oxygène dans la petite enfance, troubles du métabolisme phosphate/calcium, pollution environnementale, maladies de la petite enfance, prise d'antibiotiques, allaitement maternel prolongé. Les agents environnementaux sont de plus en plus incriminés, comme l'exposition aux dioxines (Alaluusua *et al.*, 1999) ou l'exposition au bisphénol A (Jedeon *et al.*, 2013), et constituent des causes potentielles.

3.2.4 <u>Aspects cliniques et diagnostic</u>

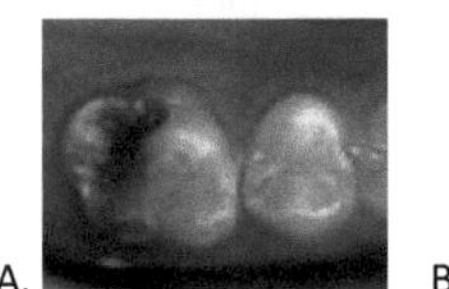

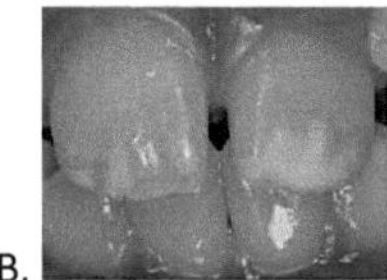

Figure 26 : A. MIH très sévère de la 1ère molaire permanente B. Atteinte (plage blanche) des incisives permanentes (Ifi-Naulin, Odontologie pédiatrique clinique, 2011).

Suite au congrès annuel de l'European Academy of Paediatrics Dentistry en 2003, les critères cliniques du MIH ont été clairement établis. Cette pathologie correspond à un déficit de minéralisation, ayant pour conséquence des défauts qualitatifs de l'émail. Les manifestations cliniques sont variables en gravité entre les individus et même entre les dents d'un même patient. Les atteintes amélaires ne sont pas donc pas forcément symétriques ou d'égale importance selon les dents, rendant le diagnostic clinique parfois difficile. Généralement, les taches sont bien délimitées sur les incisives, touchant surtout la face vestibulaire. Au niveau des molaires en revanche, elles sont plus diffuses et affectent surtout la face occlusale et la face vestibulaire (figure 26).

Le diagnostic est principalement fondé sur l'examen clinique et plusieurs critères sont à prendre en compte :
- La présence d'opacités bien délimitées de couleur blanche, jaune ou marron
- Une absence de symétrie des zones hypominéralisées
- Des pertes d'émail post-éruptives dues à l'abrasion de l'émail hypominéralisé
- Des restaurations atypiques
- Des extractions des 1ères molaires associées à des atteintes des incisives chez un patient présentant un faible risque carieux.
- Une forte anxiété face aux soins provoquée par des sensibilités dentaires accrues et des difficultés d'anesthésie dues à une inflammation pulpaire sous-jacente. Le brossage est également perçu comme une épreuve douloureuse par l'enfant. Son hygiène défectueuse favorise alors l'installation d'un processus carieux rendant encore plus difficile le diagnostic (Rodd et Boissonnade, 2007).

Lorsque seules les incisives sont atteintes, on ne peut diagnostiquer un MIH. (Arbonneau et Foray, 2010 ; Denis *et al.*, 2013).

3.2.5 Classification

Une première proposition de standardisation des critères diagnostiques a été faite en 2006 (Mathu-Muju et Wright, 2006). La sévérité du MIH est évaluée par l'intensité, l'étendue et l'importance des lésions carieuses. En 2008, une nouvelle classification corrèle la densité minérale et la teinte de l'opacité au défaut amélaire (tableau 6). Dans la forme légère, on note des taches de petite étendue blanche ou jaune-clair. Dans les formes sévères, ces taches sont de plus grande étendue, allant du blanc au brun, et associées à des hypoplasies dans les cas les plus sévères. En 2011, Ghanim et al. proposent un nouveau score à 10 points (tableau 7), basé sur les critères de diagnostic de l'Académie européenne d'odontologie pédiatrique de 2003. Il n'existe pas de classification universelle adoptée par tous les praticiens.

Sévérité (selon Chawla)	Critères cliniques (teinte)	Densité minérale. Indicateur du degré de minéralisation
Légère	Opacités blanc-crème de l'émail	>2,22 g/m^3
Sévère	Opacités jaunes-brun de l'émail	<1,95 g/m^3

Tableau 6 : Classification des MIH (d'après Chawla *et al.*, 2008).

Code	Criteria
0	Enamel defect free
1	White/creamy demarcated opacities, no PEB
1a	White/creamy demarcated opacities, with PEB
2	Yellow/brown demarcated opacities, no PEB
2a	Yellow/brown demarcated opacities, with PEB
3	Atypical restoration
4	Missing because of MIH
5	Partially erupted (i.e., less than one-third of the crown high) with evidence of MIH
6	Unerupted/partially erupted with no evidence of MIH
7	Diffuse opacities (not MIH)
8	Hypoplasia (not MIH)
9	Combined lesion (diffuse opacities/hypoplasia with MIH)
10	Demarcated opacities in incisors only

Tableau 7 : Classification des atteintes du MIH (d'après Ghanim *et al.*, 2011).

3.3 Particularités topographiques des pathologies acquises pré-éruptives de l'émail

L'hypominéralisation liée à une fluorose s'étend en subsurface selon un angle obtus et son étendue à toute la surface de l'émail est variable (figure 27A). A contrario, l'hypominéralisation liée à un MIH, de classification légère, est de localisation interne (figure 27B).

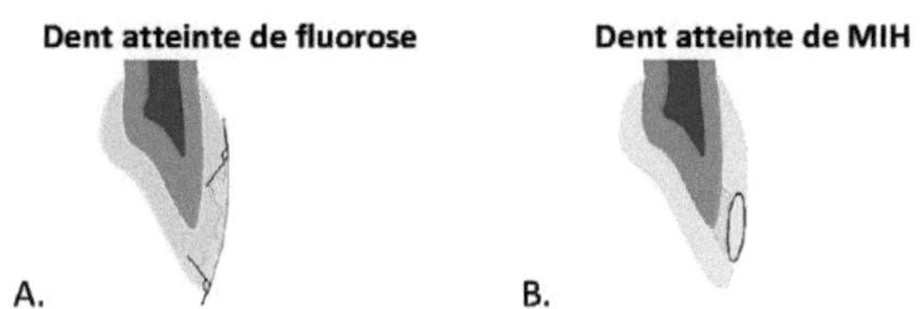

Figure 27 : Représentation schématique des particularités topographiques des hypominéralisations de l'émail selon qu'il s'agit d'une fluorose (A) ou d'un MIH (B) (d'après Denis *et al.*, 2013 - modifié).

3.4 Schéma récapitulatif

L'impact sur la qualité et/ou la quantité d'émail dépend du stade auquel les améloblastes sont affectés (figure 28).

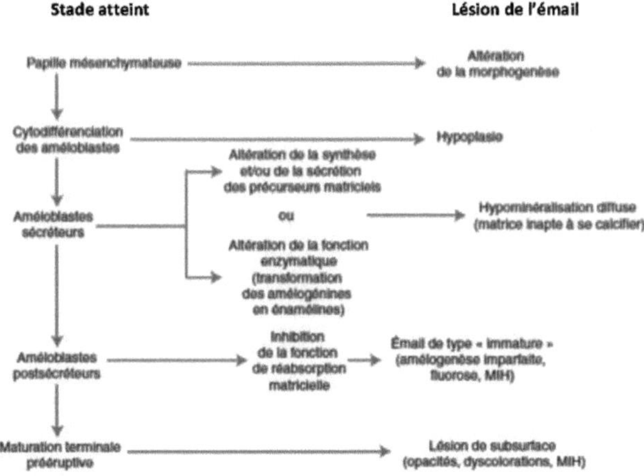

Figure 28 : Lésions de l'émail en fonction du stade atteint au cours de l'amélogenèse (d'Arbonneau et Foray, 2010) (d'après Triller, EMC, 1986 – modifié).

LA DENTINE ET LA DENTINOGENESE

Chez l'homme, alors que l'amélogenèse est limitée dans le temps (elle cesse avant l'éruption des dents dans la cavité buccale), la dentinogenèse (ou formation de la dentine) se poursuit tant que les dents sont vivantes (Licht, 2001 ; Nanci et Goldberg, 2001).

Le développement dentaire est un processus qui résulte d'interactions réciproques entre l'épithélium oral et le mésenchyme lors du développement de la cavité buccale commençant très tôt lors de l'embryogenèse des mammifères (Thesleff *et al.*, 1995). La dentine est le tissu situé entre l'émail (au niveau coronaire), ou le cément (au niveau radiculaire), et la chambre pulpaire ; elle constitue la plus grande partie de la dent et est synthétisée par les odontoblastes. La dentine est un tissu minéralisé basé sur une trame collagénique produit de façon continue et rythmique tout au long de la vie (Goldberg et Piette, 2001).

Elle comprend deux étapes :

- la synthèse et la sécrétion de la matrice organique de la dentine (la prédentine) par les odontoblastes ;
- le dépôt du minéral (les cristaux d'hydroxyapatite) sur la prédentine. En se minéralisant, la prédentine se transforme progressivement en dentine.

Bien que similaire à l'os au niveau de sa composition, la matrice dentinaire n'est pas remodelée physiologiquement et est souvent perçue comme un tissu inerte. Or, la dentine montre un fort potentiel de régénération lui permettant de faire face aux agressions pathologiques et traumatiques. Elle doit donc être considérée comme une matrice extracellulaire bioactive (Smith *et al.*, 2012).

1. **Les odontoblastes**

Les odontoblastes dérivent de l'ectomésenchyme originaire de la migration des cellules de crête neurale céphalique. Ce sont des cellules cylindriques mesurant environ 20 à 40 µm de haut et 3 µm de large. Ils sont dotés de longs prolongements cellulaires et les corps cellulaires sont situés à la périphérie de la pulpe dentaire. Ils sont donc polarisés et forment une palissade. Leurs prolongements pénètrent dans la dentine minéralisée et émettent des digitations secondaires (figure 30). Les odontoblastes sont des cellules post-mitotiques responsables de la sécrétion des «dentines» (Mount et Hume, 1998). La dentine primaire est synthétisée jusqu'au moment où la dent devient fonctionnelle (en occlusion). Après la dentinogenèse primaire, les odontoblastes demeurent fonctionnels et sécrètent la dentine secondaire de façon continue mais en quantité 10 fois moindre tout au long de leur vie (Schour et Hoffman, 1939 ; Baume, 1980). Lors de cette transition dentine primaire /secondaire, les odontoblastes subissent des changements importants de leur transcriptome (Simon *et al.*, 2009). Parallèlement, les odontoblastes ont la capacité de déposer une nouvelle couche de dentine en réaction à un stimulus externe agressif. Cette dentine réactionnelle est aussi appelée tertiaire ou réparatrice selon la proximité pulpaire de l'agression (figure 29B).

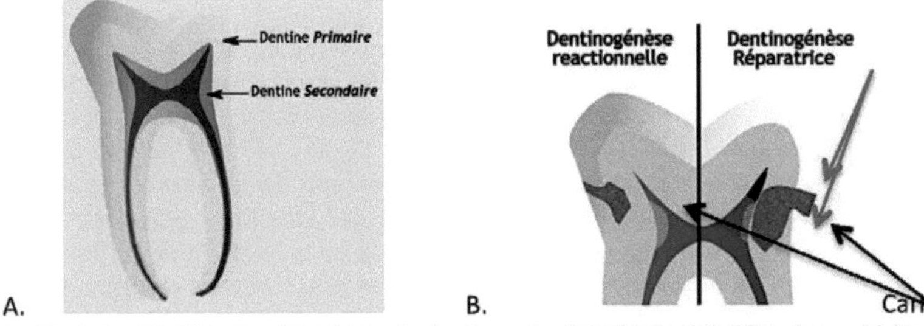

Figure 29 : A. Localisation des deux types de dentines physiologiques, primaire et secondaire. B. Dentinogenèse tertiaire de type réactionnelle ou réparatrice (d'après Simon *et al.*, 2008).

Cette dentine joue un rôle protecteur de la vitalité pulpaire face à diverses conditions pathologiques (caries, attrition, érosion) (Smith et Shaw, 1995 ; Arana-Chavez et Massa, 2004). Les odontoblastes synthétisent la matrice organique de collagène de type I et participent activement à sa minéralisation en sécrétant des protéoglycans et des protéines non collagéniques qui sont impliqués dans la nucléation et le contrôle de la croissance de la phase minérale (Bleicher, 2013). De plus, outre ce rôle fondamental d'activité dentinogénique, les odontoblastes ont été suspectés d'être des cellules sensorielles. En effet, ils sont capables de détecter l'invasion bactérienne lors du processus carieux et d'initier une réponse inflammatoire et immunitaire pulpaire (Farges *et al.*, 2013). Ils sont de plus équipés en canaux ioniques impliqués dans la mécano-transduction et la nociception, ce qui fait des odontoblastes de bons « détecteurs » de stimuli externes capables de transmettre la sensation de douleur dentaire (Bleicher, 2013 ; Chung *et al.*, 2013). Sous ces cellules se trouve la couche de Höehl constituée de cellules post-mitotiques également. Ces cellules peuvent remplacer les odontoblastes qui meurent par apoptose (Ruch *et al.*, 1995) (figure 29).

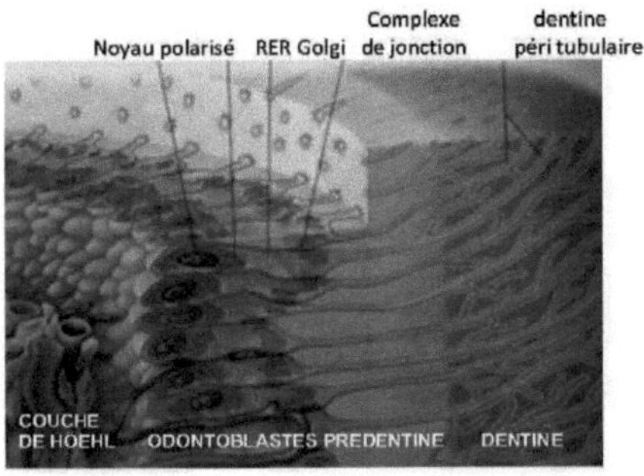

Figure 30 : Représentation schématique des cellules bordant la pulpe : odontoblastes et couche sous-odontoblastique de Höehl (d'après Nanci, 2012 - modifié).

2. Prédentine et front de minéralisation

La prédentine est une couche de matrice non minéralisée, d'épaisseur relativement constante de 20-30 µm au niveau de la couronne chez l'homme. Elle est limitée au niveau apical par les corps cellulaires des odontoblastes et au niveau distal, par le front de minéralisation (Linde et Goldberg, 1993). C'est une zone où se réalisent la formation et la maturation du maillage du collagène de la matrice dentinaire. Au niveau du front de minéralisation, se trouvent des structures globulaires appelées calcosphérites correspondant à des intermédiaires de minéralisation. La fusion de ces calcosphérites aboutit à un front de minéralisation plus ou moins rectiligne une fois le processus de minéralisation achevé.

3. La dentine

La dentine résulte de deux processus simultanés : la synthèse et la sécrétion de la matrice organique de la dentine sous forme de prédentine, et la minéralisation de cette matrice à distance des odontoblastes d'environ 30 à 40 µm.
Les odontoblastes transportent activement les ions Ca^{2+} jusqu'au lieu de la formation minérale (figure 40). Chez l'homme, les odontoblastes mettent ainsi en place chaque jour une couche de dentine d'environ 4 µm d'épaisseur. Cette apposition s'accompagne d'un recul identique des corps cellulaires afin que l'épaisseur de prédentine reste constante.

3.1   Les différents types de dentines selon leur localisation

Il est communément décrit deux types de dentines selon leur localisation au sein de la dentine totale (figure 31) :

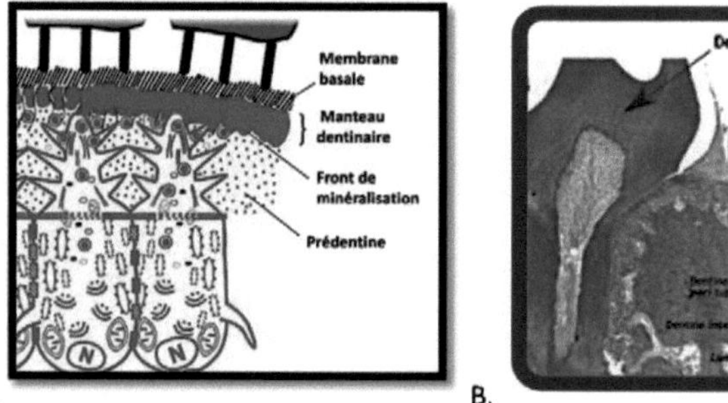

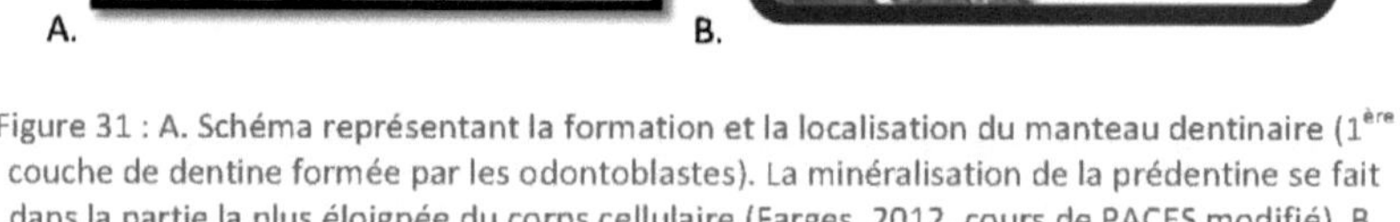

Figure 31 : A. Schéma représentant la formation et la localisation du manteau dentinaire (1ère couche de dentine formée par les odontoblastes). La minéralisation de la prédentine se fait dans la partie la plus éloignée du corps cellulaire (Farges, 2012, cours de PACES modifié). B.

Description schématique de la structure de la dentine circumpulpaire. Localisation des dentines inter- et péri- tubulaires (Simon *et al.*, 2008).

- La dentine circumpulpaire, la plus interne qui comprend:
    - la dentine péri-canaliculaire (ou péri-tubulaire) qui s'appose le long de la paroi des tubules
    - la dentine inter-canaliculaire (ou inter-tubulaire) qui occupe l'espace entre les canalicules
- La dentine périphérique, la plus externe qui comprend:
    - Au niveau coronaire
        - le manteau dentinaire
    - Au niveau radiculaire
        - la couche hyaline de Hopewell-Smith
        - la couche granulaire de Tomes

3.1.1 <u>Formation du manteau dentinaire</u>

Le manteau dentinaire est la première couche à se déposer au niveau coronaire au contact de l'émail. Son épaisseur est comprise entre 30 et 150 μm (Goldberg, 2008) (figure 31A). Le manteau dentinaire est dépourvu de canalicules car il commence sa formation tandis que l'odontoblaste n'a pas encore terminé sa polarisation terminale. De ce fait, sa structure et sa composition sont particulières. Il comprend un mélange de protéines dentinaires dont la phosphorylation est déficiente ainsi que des protéines issues de la pulpe. Le manteau dentinaire est moins minéralisé que le restant de la dentine qui sera mise en place ultérieurement (Wang et Weiner, 1998 ; Goldberg et Piette, 2001).

3.1.2 <u>Dentine circumpulpaire</u>

Que ce soit dans le cadre d'une dentine primaire ou secondaire, on distingue, en quantité variable selon les espèces, de la dentine inter-canaliculaire et de la dentine péri-canaliculaire (figure 31B et 32). La dentine inter-canaliculaire résulte de la transformation de la prédentine en dentine, tandis que la dentine péri-canaliculaire se forme plus tardivement. Chez l'homme, cette dernière n'apparaît pas en bordure de prédentine, mais quelques micromètres plus à l'intérieur du compartiment dentinaire. Cette dentine renforce la lumière des canalicules, formant un tube mieux minéralisé car dépourvu de collagène (figure 32A). Son épaisseur est plus forte dans des espèces qui abrasent leurs tables occlusales comme le cheval et les ruminants. Elle est absente des dents à croissance continue des rongeurs, qui doivent nécessairement s'abraser et compensent l'usure naturelle de la dent. Chez l'homme, elle ne dépasse que rarement les 10-15 %, selon les zones observées (Goldberg *et al.* 2008 - pour revue).

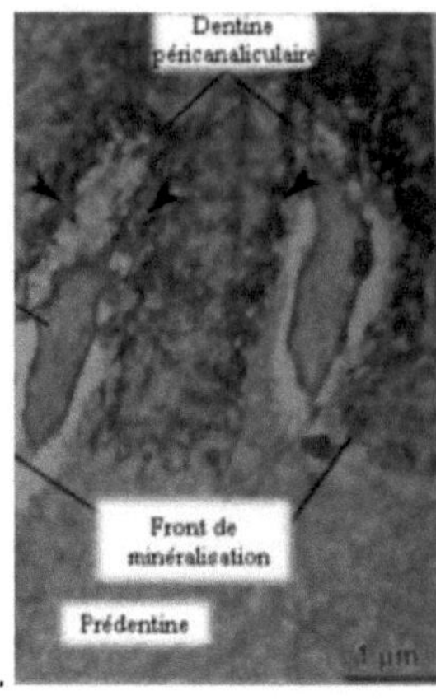

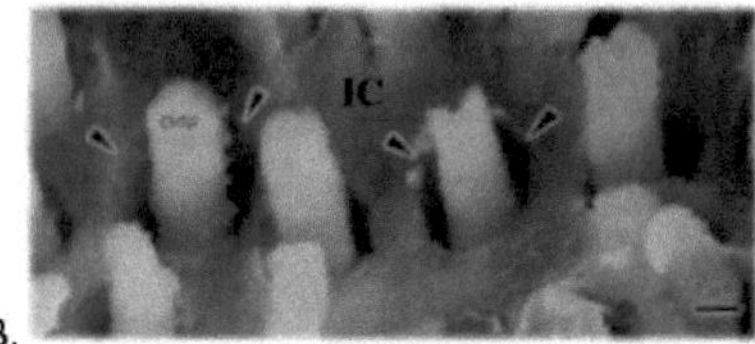

Figure 32 : A. Image en microscopie électronique à transmission au niveau du front de minéralisation entre la prédentine et la dentine. Les prolongements odontoblastiques sont situés dans la lumière tubulaire qui est entourée par de la dentine péri-canaliculaire. B. Image en microscopie électronique à balayage mettant en évidence la dentine inter canaliculaire (IC) ainsi que le volume occupé par les prolongements odontoblastiques dans la lumière tubulaire (d'après Nanci, 2012 - modifié).

En plus de contribuer à des fonctions différentes, la composition de ces deux types de dentines est très hétérogène (tableau 8).

Composition des dentines intercanaliculaire et péricanaliculaire

# 20 000 canalicules/mm²	Matrice	Minéral
Dentine intercanaliculaire	Collagène de type I Protéines non collagéniques (voir Tableau 1) phosphorylées et non phosphorylées associées au collagène	Structure d'HAp en aiguilles (2-3 nm d'épaisseur et 60 nm de long) ; carbonaté et magnésié
Dentine péricanaliculaire	Pas de collagène NCP phosphorylées et non phosphorylées formant une résille amorphe de 30 nm de maille.	Cristaux isodiamétriques de 25 nm de diamètre Ou Structure cristallographique : – axe a : 36,00 nm – axe b : 25,57 nm – axe c : 9,76 nm Contenu plus riche en Ca, P, Mg – whitlockite contenant 1 % de Mg – ou huntite

NCP : protéines non collagéniques ; HAp : hydroxyapatite.

Tableau 8 : Composition des dentines circumpulpaires (d'après Goldberg *et al.*, 2008 - modifié).

3.2   Composition

Globalement, la phase minérale entre pour 70 % du poids total de la dentine. Les 30 % qui restent se subdivisent en 20 % de matrice organique (dont 90 % de collagène et 10 % de protéines non collagéniques) et 10-11 % d'eau. En volume, sans tenir compte de la présence des canalicules dentinaires, on peut évaluer approximativement la phase minérale à 50 %, la phase organique à 30 % et l'eau à 20 % (Marshall *et al.*, 1997). La dentine est donc moins minéralisée que l'émail, mais plus que l'os et le cément.

La matrice dentinaire contient essentiellement du collagène de type I mais on y trouve également des glycoprotéines non collagéniques (les NCPs pour « Non Collagenous Proteins ») en quantité relativement importante, et en plus faible quantité : d'autres types de collagènes, des protéoglycans (PGs), des métallo-protéases matricielles (MMPs), des facteurs de croissance et divers composants parmi lesquels des protéines de l'émail, des protéines sériques et des phospholipides.

4. <u>Les collagènes dentinaires</u>

Le collagène de type I représente 85-90% de l'ensemble de la matrice organique de la dentine. Il s'agit à 89% de collagène I classique (α1[I])$_2$(α2[I]) et à 11% de collagène I trimère (α1[I])$_3$). Le rôle principal du collagène de type I est de constituer l'armature de la matrice dentinaire. Cette armature est formée par un réseau de fibres de collagène de gros diamètre. En effet, les molécules de procollagène secrétées par les odontoblastes s'associent progressivement dans l'espace prédentinaire pour former des fibrilles, puis des fibres, dont le diamètre peut aller jusqu'à 200 nm. L'épaisseur de la prédentine correspond au temps nécessaire à la formation et à la stabilisation de ce réseau collagénique. Le second rôle du collagène de type I est un rôle de support du minéral dentinaire, constitué essentiellement par des cristaux d'hydroxyapatite carbonatée.

Le collagène natif a un diamètre moyen de 20 nm au tiers proximal de la prédentine. Ce diamètre passe à 40 nm dans la zone centrale. Il s'accroît jusqu'à 55-70 nm au tiers distal, avant d'être incorporé dans la dentine en formation et minéralisé. Les fibrilles sont transportées dans l'incisive de rat parallèlement au front de minéralisation (Beniash *et al.*, 2000 ; Goldberg, 2008 - pour revue).

La prédentine contient également du collagène de type V qui est présent en association avec les fibres de collagène de type I et qui représente environ 3% du collagène synthétisé. Les odontoblastes sécrètent aussi une très faible quantité de collagène de type IV, localisé à proximité de son corps cellulaire (Farges, 2012 ; Goldberg, 2008).

5. <u>Les protéines non collagéniques de la matrice dentinaire</u>

L'introduction de méthodes de préparation utilisant une dissociation/extraction par du chlorure de guanidine 4M a permis d'extraire d'abord une fraction contenant des PGs. La déminéralisation du matériel résiduel par une solution chélatante (EDTA) permet d'extraire ensuite, des protéines non collagéniques identifiées en tant que protéines phosphorylées et non phosphorylées (Linde *et al.*, 1980) (tableau 9).

Famille de protéines	Etat de phosphorylation	Caractéristiques
SIBLINGs *(Fisher et Fedarko, 2003)*	**Phosphorylées**	**DSPP (+)** *(Sreenath et al., 2003)* (entre 155 et 95 kDa) clivée en : – **DSP** (N-terminal-protéoglycan formant dimères) : 100-280 kDa – **DGP** (Dentin Glyco Protein) : 19 kDa – **DPP** (C-terminal) 94 kDa **DMP-1 (+)** *(Ye et al., 2004)* : 61 kDa protéoglycan **BSP (+)** : 95 kDa protéoglycan **OPN (-)** : 44 kDa glycoprotéine **MEPE (-)** : 66 kDa glycoprotéine
SLRP	=	**Décorine** (et autres potentiels SLRPs)
Amélogénines	=	Formes résultant d'épissages alternatifs de petit poids moléculaire A + 4 : 8,1 kDa A-4 : 6,9 kDa **(LRAP)**
Autres protéines amélaire	=	**Améloblastine**
Ostéocalcine et DPG : dentin Gla-protein (acide gamma carboxyglutamique) Matrix Gla Protein **(MGP)**	**Non phosphorylées**	5,7 kDa inhibitrice de minéralisation 14 kDa non-inhibitrice de minéralisation
Ostéonectine-SPARC	=	43 kDa
Protéines du sérum	=	**Albumine, Alpha 2-HS glycoprotéine et Fétuine (+)** (nucléateur de l'hydroxyapatite)
SLRPs	=	**CS/DS PGs : décorine, biglycan 42kDa** **KS PGs : lumican, fibromoduline, ostéoadhérine 50 kDa**
Facteurs de croissance	=	**FGF-2, TGFb1, BMPs, ILGF I & II, PDGF**
Enzymes	=	**Phosphatase alcaline, acide, sérine protéases** **Collagénases :** MMP-1,-8, -13 **Gélatinases A :** MMP-2, **B :** MMP-9 **Stromelysine 1 :** MMP-3 MT1-MMP, énamélysine ou MMP-20 **ADAM et ADAMTS**
Protéolipides		**Phospholipides matriciels**
Protéines liant le calcium		**Calmoduline, Calbindine, Annexines, Nucléobindine**

Tableau 9 : Les protéines non collagéniques (NCPs) de la matrice extracellulaire dentinaire représentent 10% des protéines totales. SIBLING : Small Integrin-Binding LIgand, N-linked Glycoproteins ; SLRP : Small Leucine Rich-Proteoglycans/proteins ; DSPP : Dentin Sialo Phospho Protein ; BSP : Bone Sialo Protein ; OPN: ostéopontine ; MEPE: Matrix Extracellular Phosphoglycoprotein ; MMP : métalloprotéases. SPARC : Secreted Protein, Acidic, Rich-in-Cysteine (d'après Goldberg *et al.*, 2011 - modifié). **(+)** : rôle activateur de la minéralisation de la prédentine.   **(-)** : rôle inhibiteur de la minéralisation de la prédentine.

5.1 Les SIBLINGs « Small Integrin-Binding Ligand, N-linked Glycoproteins »

Les membres de la famille des SIBLINGs sont au nombre de 5 : la DSPP, la DMP-1, la MEPE, l'ostéopontine (OPN) et la Bone Sialo Protein (BSP).

Ce sont des protéines riches en acides aminés acides qui ont la particularité d'avoir leur gène situé sur le locus 21 du chromosome 4 humain ou chromosome 5 murin. Mais ces protéines sont toutes distinctes au niveau de leur séquence protéique et ont des distributions tissulaires et des fonctions différentes (George et Veis, 2008). Les SIBLINGs sont des protéines sécrétées qui subissent des modifications post-traductionnelles de type phosphorylation, par la kinase FAM20C notamment, et sont essentielles à la minéralisation de la prédentine en dentine. Ces protéines possèdent une séquence RGD (Arg-Gly-Asp) impliquée dans la signalisation qui joue le rôle d'agent nucléateur des processus de minéralisation en régulant la formation des cristaux d'hydroxyapatite (He *et al.*, 2003 ; Hunter et Goldberg, 1993 ; Goldberg *et al.*, 1996). Ainsi les SIBLINGs interagissent dans la balance de la promotion ou de l'inhibition des processus de minéralisation.

Alors que la majorité de ces molécules sont aussi présentes dans la matrice osseuse, d'autres sont plus spécifiques de la dentine comme la DSP et la DPP (Qin *et al.*, 2001 ; Butler et Ritchie, 1995).

5.1.1 La DSPP « Dentin Sialo Phospho Protein »

La DSPP est pas exclusivement restreinte à la dentine, elle est aussi présente dans l'os mais en quantité 400 fois moindre (Qin *et al.*, 2002).

La DSP, la DGP et la DPP sont les trois produits de clivage de la DSPP, par les métalloprotéases MMP2 et MMP20, et par BMP-1 (figure 33) (McKnight *et al.*, 2008 ; Yamakoshi, 2009). Ces produits sont principalement exprimés dans les odontoblastes (Ritchie *et al.*, 1995).

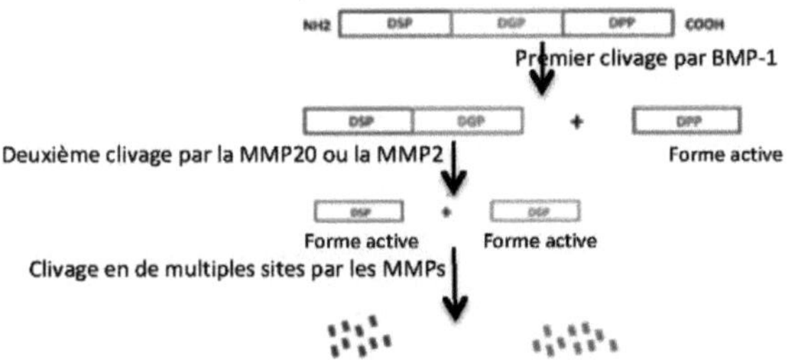

Figure 33 : Protéolyse de la DSPP (d'après Yamakoshi *et al.*, 2009 - modifié).

La DSPP est localisée dans les tubules dentinaires au sein de la dentine péri-tubulaire (Suzuki *et al.*, 2009).

- La DPP est issue de la partie C-terminale de la DSPP et est la protéine la plus acide chez l'homme. Elle est associée à la dentine mature minéralisée (George et Veis, 2008). Elle lie, d'une part le calcium ainsi que l'hydroxyapatite et d'autre part le collagène et induit ainsi la minéralisation intra-fibrillaire (Stetler-Stevenson et Veis, 1987). De surcroit, la DPP est aussi exprimée dans les tissus non minéralisés et en particulier dans les tubules rénaux où elle a un rôle de transporteur du calcium (Ogbureke et Fisher, 2005).
- Concernant la DSP, elle est issue de la partie N-terminale de la DSPP. Et a des effets inhibiteurs limités sur la formation et la croissance de l'apatite *in vitro* (Boskey *et al.*, 2000). De plus, de très nombreuses calcosphérites (intermédiaires de minéralisation) caractéristiques du retard de minéralisation ont été décrites dans le cadre de souris invalidées pour la DSP (Sreenath *et al.*, 2003).

Des expériences d'invalidation de la DSPP et de ces sous produits ont révélé que la DSP est principalement impliquée dans la régulation de la formation de la matrice alors que la DPP est impliquée dans l'initiation et la maturation de la minéralisation de la dentine (Suzuki *et al.*, 2009). La DPP serait impliquée dans la minéralisation de la dentine inter-tubulaire.

Enfin, des mutations de la DSPP conduisent à des pathologies génétiques de la dentine telles que la dentinogenèse imparfaite de type III et la dysplasie dentinaire (McKnight *et al.*, 2008 ; Hart PS et Hart TC , 2007 ; Sreenath *et al.*, 2003).

5.1.2 La DMP-1 « Dentin Matrix Protein 1 »

La DMP-1 est une protéine hydrophile très acide dont l'expression est élevée dans les jeunes odontoblastes, les ostéoblastes et ostéocytes mais faible dans les odontoblastes matures (George et Veis, 2008). La DMP-1 a un domaine de liaison à l'hydroxyapatite. Elle est détectée autour des globules de minéralisation. Dans les régions de dentine complètement minéralisée, la DMP-1 est détectée principalement autour de la dentine péri-tubulaire. De plus, la DMP-1 apparaît dès les stades précoces de la dentinogenèse ce qui suggère un rôle direct de cette protéine à la fois dans la différenciation odontoblastique et dans la minéralisation de la matrice (Massa *et al.*, 2005).

D'autre part la DMP-1 interagit avec d'autres molécules et contribue à la régulation de la transcription de la DSPP (Narayanan *et al.*, 2006), c'est en effet un effecteur en aval de la DMP-1 dans la dentinogenèse (Gibson *et al.*, 2013). De plus, la DMP-1 est inhibée par le TGF-ß1.

La DMP-1 est présente dans les odontoblastes, les tubules dentinaires et les améloblastes au stade de pré-sécrétion (Goldberg *et al.*, 2006) principalement au stade de maturation (Lacruz *et al.*, 2012). C'est au niveau du front de minéralisation entre la prédentine et la dentine qu'elle est prédominante. La DMP-1 est aussi impliquée dans les processus de biominéralisation par sa capacité à lier le calcium et le collagène avec une haute affinité. Elle régule la croissance des cristaux et est donc promoteur de la minéralisation (Ye *et al.*, 2004). Cependant, une étude plus récente nuance ces données et montre que les différentes formes de la DMP-1 jouent des rôles distincts sur la minéralisation. En effet alors que les parties C- et N- terminales de la DMP-1 jouent des rôles activateurs de la minéralisation, il existe un fragment, nominé DMP1-PG, correspondant à la partie N-terminale de la protéine associée à un GAG, la chondroïtine sulfate, qui est inhibiteur de la minéralisation. Au final, les formes distinctes de la DMP-1 travaillent de concert afin de contrôler les processus de minéralisation (Gericke *et al.*, 2010).

Des mutations de la DMP-1 induisent des formes de rachitisme hypophosphatémique (Qin *et al.*, 2007).

En résumé, un paradigme général émerge sur ces macromolécules telles la DSPP et la DMP-1. En solution, ces molécules agissent comme des inhibiteurs de la croissance cristalline. Cependant elles peuvent aussi agir comme activateur de la minéralisation lorsqu'elles sont adsorbées sur une surface solide : la surface de collagène fibrillaire de type I (Goldberg *et al.*, 2011 - pour revue).

5.1.3 <u>La MEPE « Matrix Extracellular Phosphoglycoprotein »</u>

La MEPE est un membre de la famille des protéines de la matrice osseuse et est exprimée dans les odontoblastes lors de la formation de la dent (MacDougall *et al.*, 2002) où elle joue un rôle inhibiteur de la minéralisation (sachant que l'animal invalidé pour la MEPE possède des tissus durs hyperminéralisés) (Gowen *et al.*, 2003). La protéine est localisée exclusivement dans la prédentine (pas de détection dans la dentine) suggérant que la MEPE n'a pas d'influence sur la formation de la dentine inter-tubulaire.

D'autre part, la MEPE est associée à un motif acide riche en sérine et en aspartate : le peptide ASARM (acidic serine- and aspartate- rich motif) qui est un inhibiteur de la minéralisation. De même, ce peptide ASARM dérivé de la MEPE inhibe à la fois la différenciation odontogénique des cellules souches pulpaires et la minéralisation de la matrice dentinaire (Salmon *et al.*, 2013).

La mutation de la MEPE n'entraine ni dentinogenèse imparfaite ni dysplasie de la dentine mais induit un rachitisme hypophosphatémique familial (maladie caractérisée par des défauts sévères de minéralisation des os et de la dentine) ainsi que la présence de larges espaces inter-globulaires dans la dentine circumpulpaire. Aucun effet de la mutation n'est observable au sein du manteau dentinaire (dentine atubulaire périphérique) indiquant que la MEPE n'est pas essentielle à la formation de ce tissu (Boukpessi *et al.*, 2006).

5.2 L'ostéocalcine

L'ostéocalcine (OCN) ou « Bone matrix Gla Protein » (car riche en acide gamma-carboxyglutamique) est une protéine de petit poids moléculaire et non phosphorylée. L'ostéocalcine lie le calcium et a une affinité pour l'hydroxyapatite (supérieure à celle des autres NCPs). Elle est présente dans l'os et la dentine et joue un rôle inhibiteur de la minéralisation. Car en effet, les souris ostéocalcine -/- présentent une meilleure minéralisation que les souris sauvages hétérozygotes (Ducy *et al.*, 1996). De plus, l'ostéocalcine forme des complexes avec l'ostéopontine, autre molécule inhibitrice de minéralisation.

Sur les coupes histologiques, l'anticorps anti-ostéocalcine marque les odontoblastes mature en différenciation ainsi que le manteau dentinaire. Le signal au niveau de la dentine circumpulpaire étant très faible (Gorter de Vries *et al.,* 1987). Enfin, également *in vitro,* l'ostéocalcine inhibe la nucléation ainsi que la croissance cristalline.

5.3 Les protéoglycans (PGs)

Les PGs sont les constituants majeurs des tissus conjonctifs où ils sont distribués au niveau intracellulaire (au contact des membranes cytoplasmiques) et dans les matrices péricellulaire et extracellulaire.

Les PGs de la matrice extracellulaire (MEC) sont subdivisés en deux catégories en fonction de leur taille :

1. Les PGs de grande taille où l'on distingue :
    - les PGs de type hyalectans (aggrécan, versican,...)
    - les PGs de membrane basale (perlécan, agrine,...)

2. Les PGs de petite taille (36-43 kDa) ou petits PGs interstitiels caractérisés par la répétition d'un motif riche en leucine appelés *Small Leucine-rich Protéoglycans /Protéines* ou SLRPs.

Leur taille, grande ou petite, est fortement dépendante de la source tissulaire (Ruoslahti, 1988). Par exemple, dans les tissus non-minéralisés, les PGs de grande taille sont retrouvés avec les SLRPs alors que dans les tissus minéralisés comme l'os, la dentine ou le cément, seuls les SLRPs ont été identifiés suggérant que ces derniers jouent un rôle dans les processus de minéralisation (Baylink *et al.,* 1972 ; Chen et Boskey, 1985 ; Hunter, 1991 ; Linde *et al.,* 1980 ; Poole *et al.,* 1982).

5.3.1 Les PGs dans la dentine

Les PGs représentent moins de 5% des protéines non collagéniques de la matrice dentinaire (Farges, 2012). Ils sont associés au collagène et constituent pour partie le gel interstitiel intercellulaire. Ce sont surtout des PGs qui portent des chaînes de chondroïtine sulfate (Goldberg *et al.,* 2008). Lors de la maturation de la prédentine, la plupart des PGs sont dégradés à proximité du front de minéralisation, principalement par des métalloprotéases. Leur dégradation progressive permet la croissance du diamètre des fibres de collagène depuis la région proche du corps cellulaire jusqu'au front de minéralisation où cette croissance s'arrête pour permettre le dépôt de l'hydroxyapatite. Les PGs ont d'abord été considérés comme des inhibiteurs de la minéralisation et de la fibrillogenèse du collagène. En effet, Chen et Boskey en 1985 ont proposé que les groupes sulfatés et chargés négativement des PGs ont la capacité de réduire la croissance de l'hydroxyapatite en se liant directement au niveau des sites de croissance des cristaux inhibant ainsi l'accumulation des ions initiateurs de la minéralisation. De plus, leur structure comprend de nombreux groupes sulfates et carboxyles qui leur confèrent une capacité importante à fixer le calcium et à le rendre indisponible pour la minéralisation.

Cependant, des études, *in vitro* et *in vivo,* ont montré que le rôle des NCPs polyanioniques et des PGs dans la minéralisation était plus complexe et que ces molécules avaient la capacité de fonctionner comme des nucléateurs hétérogènes de la formation des cristaux d'apatite. Boskey et al. en 1990 ont montré que la concentration locale des NCPs au sein de la dentine influence la minéralisation. D'autres auteurs ont mis en évidence que ces molécules polyanioniques en faibles quantités sont capables d'induire la minéralisation seulement s'ils sont immobilisés au sein d'une superstructure telle que la matrice collagénique ou des supports solides *in vitro*. Si ces molécules sont libres en solution alors ils sont inhibiteurs de la minéralisation (Lussi *et al,* 1988 ; Linde *et al.,* 1989 ; Linde et Lussi, 1989, Lussi et Linde, 1993).

5.4   Les glycoaminoglycans et les SLRPs dans la dentine

Des techniques histochimiques en microscopie photonique et électronique ont mis en évidence la présence de glycoaminoglycans (GAGs) dans la prédentine et la dentine (Goldberg et Takagi, 1993). Le concept général développé initialement était que les SLRPs et les GAGs sont plus abondants dans la prédentine et très faiblement détectés dans la dentine. La conclusion qui se dessinait à cette époque est que ces molécules polyanioniques étaient des inhibiteurs de la minéralisation devant être ôtés par clivage puis dégradés au lieu de l'initiation de la minéralisation. Cependant, cela a fait l'objet de controverses car les GAGs et les PGs ont été identifiés dans les compartiments minéralisés. Ils ne sont donc pas détruits, mais subissent probablement des modifications enzymatiques. Il a été mis en évidence, par des données d'autoradiographie, la présence de deux groupes distincts de GAGs/SLRPs dans la dentine et la prédentine. Un premier groupe forme un gel amorphe permettant la fibrillation /croissance des fibrilles de collagène de la partie proximale vers la partie distale de la prédentine. Le second groupe est sécrété dans la dentine proche du front de minéralisation. Ces composants stables sont incorporés dans la dentine en formation et deviennent des composants associés à la minéralisation (Lormée *et al.,* 1996) (figure 34). De même, il existe des gradients de distributions des PGs au sein de la prédentine ; certaines SLRPs contenant des GAGs de type chondroïtine sulfate (CS) ou dermatan sulfate (DS) sont peu ou pas présents dans la partie distale de la prédentine, au contraire d'autres SLRPs contenant des kératans sulfates (KS) comme l'ostéoadhérine sont plus abondants dans le tiers distal de la prédentine au niveau du front de minéralisation (Embery *et al.,* 2001 ; Nikdin et *al.,* 2012) (figure 34).

Des évidences du rôle potentiel des SLRPs dans la minéralisation de la dentine sont supportées à la fois par des études *in vitro* démontrant la capacité du biglycan à initier la cristallisation de l'hydroxyapatite (Gafni *et al.,* 1999) et par des observations *in vivo* sur des modèles de souris invalidées pour le biglycan, la décorine (Goldberg *et al.,* 2005) et pour la fibromoduline (Goldberg *et al.,* 2006).

Le biglycan et la décorine sont deux SLRPs liants les chaînes GAGs CS/DS, codés par des gènes différents mais avec une composition très similaire. Certaines différences apparaissent dans la prédentine concernant le diamètre des fibrilles de collagène (augmentant que chez les souris déficientes en biglycan) et la densité des fibrilles (augmentée que lors de la déficience en décorine). Dans les deux cas, la dentine apparaît moins minéralisée que chez les souris sauvages (Goldberg *et al.*, 2005). La variation de diamètre des fibrilles de collagène réduit l'accès des phosphates de calcium aux sites de minéralisation situés dans celles-ci en changeant leurs propriétés physico-chimiques intrinsèques. L'expression normale de ces deux SLRPs joue un rôle important dans le processus hautement orchestré qu'est la minéralisation de la dentine (Haruyama *et al.*, 2009). Les différences, les plus remarquables, sont observées chez les jeunes souris car dès l'âge adulte des mécanismes de compensation font que ces différences sont moindres voir inexistantes et restaurent une minéralisation similaire à la physiologie (Goldberg *et al.*, 2006 ; Goldberg *et al*, 2011 - pour revue).

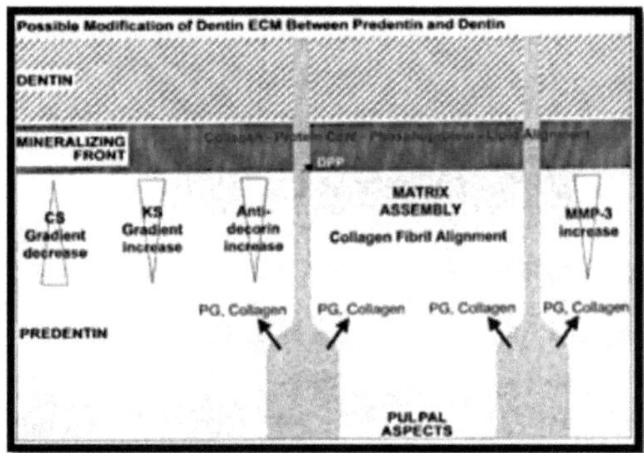

Figure 34 : Distribution de certains composants de la MEC au niveau de la prédentine et de la dentine et gradients de distribution des PGs et GAGs au sein de la prédentine (d'après Embery *et al.*, 2001- modifié).

6. Les SLRPs

6.1 Classification des SLRPs

Les SLRPs sont des protéines de la MEC comportant plusieurs répétitions riches en leucine (Hocking *et al.*, 1998). Originellement, les SLRPs étaient regroupés en trois classes distinctes basées sur la conservation de leurs séquences nucléotidique et protéique, sur l'organisation des ponts disulfures au niveau de leurs extrémités N- et C- terminales et sur l'organisation de leur génome (Iozzo, 1997 ; Danielson *et al.*, 1993). Plus récemment, la famille des SLRPs s'est agrandie pour contenir 18 membres classifiés en cinq sous-classes distinctes suivant l'organisation de leur gène ou du type de GAG associé et suivant l'espacement des résidus de cystéines de l'extrémité N-terminale de la protéine-cœur. La classification ne dépendant pas de la fonction (Schaefer et Iozzo, 2008 ; Iozzo et Sanderson, 2011) (Nikitovic *et al.*, 2012 ; Chen et Birk, 2013) (figure 35 et tableau 10).

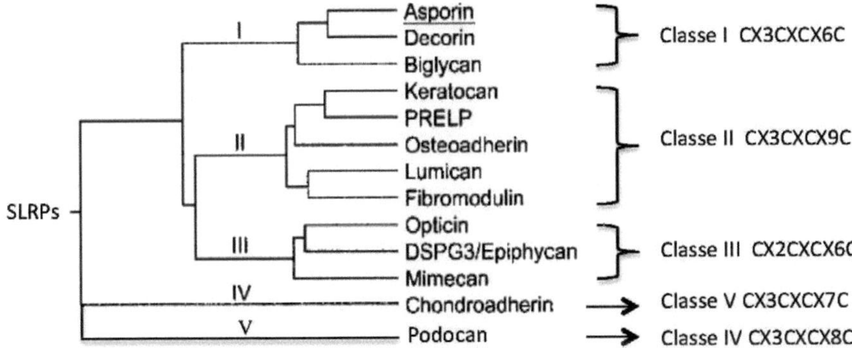

Figure 35 : Dendrogramme phylogénétique et classification des SLRPs. La famille des SLRPs comprend 5 classes (Nikitovic *et al.*, 2012. ; Chen et Birk, 2013). L'asporine appartient à la classe I des SLRPs avec la décorine et le biglycan (d'après Henry *et al.*, 2001 et Lorenzo *et al.*, 2001 - modifié).

Protéoglycannes	Géne	Localisation chromosomique		Protéine cœur (~ kDa)	Type de glycosaminoglycannes (nombre)
		Humain	Souris		
Classe I					
Décorine	DCN	12q21.3-q23	10	36	Dermatanne/Chondroïtine sulfate (1)
Biglycanne	BGN	Xq28	X	38	Dermatanne/Chondrïtine sulfate (1-2)
Asporine		9q31.1-32		39	
Classe II					
Fibromoduline	FMOD	1q32	1	42	Kératanne sulfate (2-3)
Lumicanne	LUM	12q21.3-22	10	37-38	Kératanne sulfate (3-4)
Keratocanne		12q23		38	Kératanne sulfate (3-5)
PRELP	PRELP	1q32	1	44	Kératanne sulfate (2-3)
Osteoadhérine		9q22		42	Kératanne sulfate (2-3)
Classe III					
Epiphycanne	DSPG3	12q21		35	Dermatanne/Chondroïtine sulfate (2-3)
Ostéoglycine	OG	9q22.2-3		35	Kératanne sulfate (2-3)
Opticine		1q32		35	
Classe IV					
Nyctalopine	NYX	X			
Chondroadhérine	CHAD	17q21.33	11	38	
Classe V					
Podocanne		1q23		95	

Tableau 10 : Principaux SLRPs (Iozzo, 1997; Lorenzo *et al.*, 2001). Localisation chromosomique et liaisons aux GAGs.

6.2 Structures

Ces protéines contenant entre 6 et 10 répétitions riches en leucine (LRRs) ont en commun de présenter une structure en forme d'arche. La partie N-terminale de nombreuses SLRPs est variable conférant des fonctions uniques à chacun d'eux. Les SLRPs ont été localisés dans la plupart des régions du squelette et du cartilage avec des rôles spécifiques désignés au cours de toutes les phases de formation osseuse incluant les périodes de prolifération cellulaire, de déposition de la matrice organique, de remodelage et de déposition du minéral.

6.3 Expression et pathogénie

SLRP	Sites d'expression	Phénotype souris invalidées	Surexpression dans
Classe I : Biglycan (BGN, PGS1)	Peau, tendon, os, cartilage, rein, muscle, prédentine et PDL	Réduction de la masse osseuse, rupture aortique et faiblesse des tendons	Fibrose et athérosclérose
Classe I : Decorin (DCN, PGS2)	Peau, tendon, cartilage, rein, muscle, prédentine et PDL	Peau fragile, fragilité des tendons, déficience respiratoire, retard de cicatrisation et angiogenèse	Fibrose, cancer et athérosclérose
Classe I : Asporin (ASPN)	Foie, cœur, aorte, utérus, périchondre, périoste, cartilage, prédentine et PDL	Modèle indisponible	Sclérodermie et ostéoarthrite
Classe II: Fibromoduline (FMOD)	Tendon, ligament, cartilage, prédentine et PDL	Faiblesse des tendons et ostéoarthrite	Fibrose, cancer et athérosclérose
Classe II : Lumican (LUM)	Répandu, prédentine et PDL	Faiblesse des tendons et ostéoarthrite	Sclérodermie et cancer

Tableau 11 : Schéma et distribution de certaines SLRPs dans les tissus et phénotypes reliés au collagène des souris invalidées (Kalamajski et Oldberg, 2010). Rectangle = domaine de liaison au collagène en rouge la liaison est de haute affinité et en vert de basse affinité. Les chaines polysaccharidiques sont représentées par des chaînettes bleues = glycosylations ; SO_4 = sulfatation tyrosine. D= acide aspartique.

6.4   Fonction des SLRPs

Les SLRPs sont impliqués dans de nombreux processus biologiques et pathologiques. Ils jouent des rôles cruciaux de structure au sein des matrices extracellulaires et ont également un rôle de régulation dans leur assemblage. Leur fonction dépend du tissu considéré mais aussi de leur localisation (intra, péri ou extra cellulaire). Les SLRPs ont un corps protéique avec des sites de glycosylations hypervariables ainsi que de multiples capacités de liaison. Lors du développement, des interactions différentielles entre SLRPs et d'autres molécules résultent en des distributions spatio-temporelles tissus spécifiques. De plus, ils permettent la régulation de la croissance et de l'organisation des fibrilles de collagène. Ils sont aussi impliqués dans les interactions cellules-matrices et ont un rôle dans la régulation de la croissance, l'adhésion et la migration des cellules (Hocking *et al.*, 1998 ; Chen et Birk, 2013). L'expression anormale et/ou une structure altérée des SLRPs résultent d'un dysfonctionnement des matrices extracellulaires conduisant souvent à un développement pathologique.

La plupart des SLRPs sont sécrétés dans la matrice péricellulaire où ils diffusent et peuvent lier les autres composants de la MEC comme les collagènes ou rester libres dans la phase fluide (figure 36). La localisation des SLRPs dans la MEC est strictement prédéterminée :

1. Certains sont majoritairement distribués dans la MEC à proprement parler, loin de la cellule sécrétrice ou interterritoriale.
2. Alors que d'autres sont localisés à la fois dans la MEC mais aussi dans la matrice péricellulaire entourant immédiatement les cellules (Nikitovic *et al.*, 2012).

Ainsi, les SLRP peuvent être retrouvés sous forme soluble ou sous forme liée. Ce fait est très important à prendre en compte dans la mesure où la fonction d'une même SLRP peut être différente selon son état.

Ces deux formes interagissent avec de nombreux facteurs de croissance (figure 36) tels que TGF-ß (Hildebrand *et al.*, 1994), BMP4 (Chen *et al.*, 2004), WISP-1 (Desnoyers *et al.*, 2001), VWF (Guidetti *et al.*, 2004), PDGF (Nili *et al.*, 2003), TNF-α (Tufvesson *et al.*, 2002), et IGF-1 (Schönherr *et al.*, 2005).

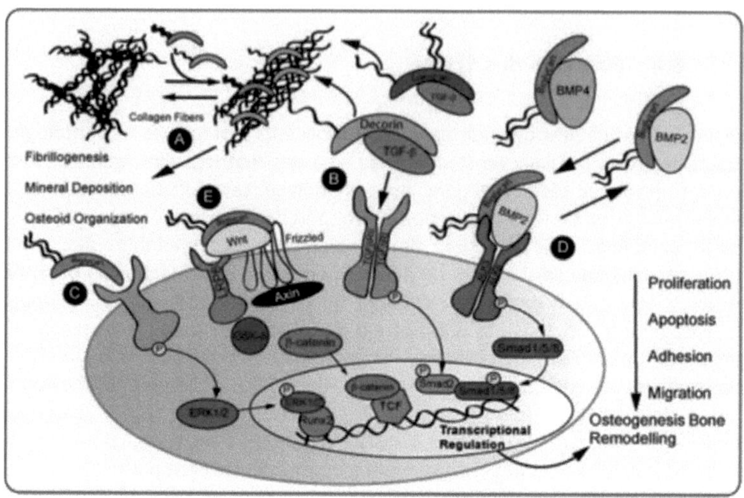

Figure 36 : Représentation schématique des rôles des SLRPs et de leur voie de signalisation spécifique dans l'ostéogenèse et le remodelage (Nikitovic *et al.*, 2012).

Les SLRP interagissent avec de nombreuses protéines de la MEC : collagènes, fibronectine, thrombospondine et aussi avec les protéines sériques comme Heparin cofactor II et C1q. Ils agissent de concert dans l'assemblage des fibrilles de collagène afin de former une MEC fonctionnelle (figure 36).

Figure 37 : Régulations possibles de la fibrillogenèse du collagène par les SLRPs. A. Encombrement stérique de l'assemblage des fibrilles par la liaison SLRPs – collagène. B. Les SLRPs, avec plus d'un site de liaison au collagène, peuvent assembler deux fibrilles de collagène. C. Les SLRPs peuvent se fixer proche d'un site de cross-linking sur des résidus de lysine et déterminer quel type de cross-link sera formé entre les collagènes (Kalamajski et Oldberg, 2010).

7. Asporine, une SLRP de classe I

En 2008, nous avons montré que les cellules « odontoblaste-like » immortalisées MO6-G3 étaient capables d'exprimer l'asporine et que cette expression était modulée par le fluor, suggérant que cet SLRP était un élément clé dans la minéralisation de la dentine (Wurtz *et al.*, 2008).

7.1 Structure de l'asporine

L'asporine (ASPN), aussi connue sous le nom de *periodontal ligament-associated protein 1* (PLAP-1) fait partie de la classe I des SLRPs (figure 35 et tableau 10). En plus des 10 LRRs (figure 38), cette classe est caractérisée par la présence d'une séquence consensus riche en cystéine de motif suivant CX3CXCX6C du coté N-terminal (figure 36).

Le gène de l'asporine contient 8 exons (figure 38). Les 10 LRRs étant codés par 6 exons (exons III-VIII) (Iozzo, 1999).

L'asporine contient un unique domaine riche en acide aspartique (D-repeat) en sa partie N-terminale lui conférant des propriétés spécifiques comme l'absence de séquences consensus à la liaison des GAGs (acide hyaluronique, héparine et héparans sulfates, DS, KS et CS). L'asporine est la seule SLRP ne liant pas les GAGs, c'est pourquoi elle n'est pas un proteoglycan au sens strict du terme (Lorenzo *et al.*, 2001). L'asporine contient trois ponts cystéine dans sa chaine interne : deux proches de la partie N-terminale et un proche de la partie C-terminale (Kalamajski *et al.*, 2009).

L'asporine est la seule SLRP N-glycosylée (en position Asn 282) et potentiellement O-glycosylée (en position Ser 54), les autres étant seulement O-glycosylées.

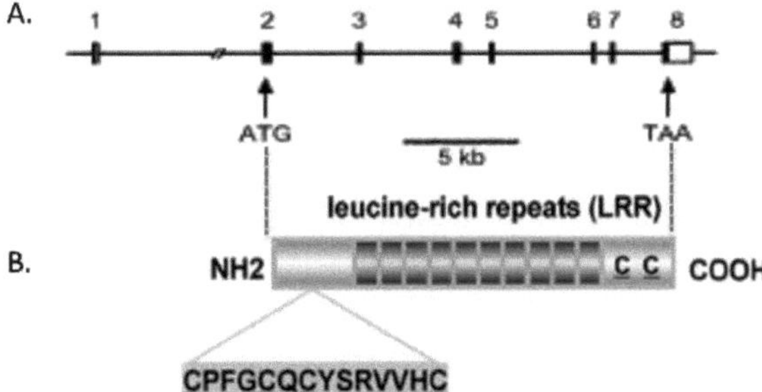

Figure 38 : A. Gène de l'asporine : 8 exons. ATG = initiation de la traduction (Lorenzo *et al.*, 2001).   B. Séquence protéique de l'asporine : 10 LRRs et séquence consensus CX3CXCX6C du coté N-terminal (Yamada *et al.*, 2007).

7.2 Expression et régulations

L'asporine (PLAP-1) est exprimée dans le cartilage arthritique, les ménisques, l'aorte, l'utérus, le cœur (Lorenzo *et al.*, 2001), le ligament alvéolo-dentaire (LAD ou PDL en anglais) (Yamada *et al.*, 2007) et la matrice dentinaire humaine (Park *et al.*, 2009). L'asporine est également exprimée dans les cellules souches de la pulpe dentaire humaine (hDPSC), au front de minéralisation de la jonction prédentine-dentine et dans les intermédiaires de minéralisation (calcosphérites), dans la prédentine (Lee *et al.*, 2011). Les cellules MG63 dérivées d'ostéosarcome expriment également l'asporine (Kalamajski *et al.*, 2009).

Son expression est modulée par différentes cytokines dans des chondrocytes articulaires humains : l'IL1-ß et le TNF-α répriment l'expression de l'asporine alors que le TGF- ß1 l'augmente. La dédifférenciation des chondrocytes obtenue après plusieurs passages des cellules est accompagnée par une diminution de son expression.

Un rôle important du facteur de transcription Sp1 dans la régulation de l'expression de l'asporine, a été rapporté. Sp1 agit sur une zone localisée en amont du site d'initiation de la transcription du gène de l'asporine et son expression ectopique augmente le taux d'ARNm ainsi que l'activité de son promoteur (Duval *et al.*, 2011).

Zhu et al. en 2012 ont montré, avec des cellules progénitrices mésenchymateuses humaines en culture (hMSC), que le facteur de transcription ostérix (SP7) régule l'expression de certaines protéines de la MEC impliquées dans la différenciation terminale des ostéoblastes. Parmi elles, l'asporine est régulée positivement. De plus, SP7 induit la minéralisation de ces cellules et est nécessaire, mais pas suffisant, à la différenciation des hMSC en ostéoblastes.

7.3 Asporine et minéralisation

7.3.1 Rôle pro-minéralisant

L'asporine est capable d'avoir une action activatrice de la phase initiale de la minéralisation.

7.3.1.1 Asporine et interaction avec le collagène de type I

L'asporine lie, avec une grande affinité, le collagène de type I par sa partie C-terminale et en particulier via les LRRs 10-12. Cette liaison est inhibée par la décorine mais pas par le biglycan (Kalamajski *et al.*, 2009). La décorine, qui possède un LRR semblable, a été mise en évidence par immunohistochimie comme associée aux fibres de collagène de type I au sein de la prédentine (et non dans la dentine minéralisée) (Orsini *et al.*, 2007). Les domaines N- et C- terminaux de l'asporine travaillent de concert pour initier la biominéralisation du collagène.

7.3.1.2 Asporine et liaison au calcium

Par sa partie N-terminale, l'asporine lie le calcium et régule la formation de l'hydroxyapatite *in vitro* (Kalamajski *et al.*, 2009 ; Lee *et al.*, 2011). C'est la seule SLRP capable de lier le calcium (ni le cas de la décorine ni du biglycan). L'asporine possède un domaine polyaspartate unique (D-repeat) dans sa partie N-terminale lui permettant l'interaction spécifique avec le calcium. Il présente une différence fonctionnelle majeure par comparaison à ses homologues de classe I (Kalamajski *et al.,* 2009). A la différence de l'asporine, la décorine ne possède pas de résidus aspartique dans son extrémité N-terminale et est connue comme inhibiteur de la minéralisation du cartilage.

7.3.1.3 Asporine et cellules osseuses

Kalamajski et al. en 2009 ont montré que l'asporine a un rôle promoteur de la minéralisation dans un modèle de culture de cellules ostéoblastiques humaines (MG63). De plus, l'asporine est également considérée comme un agent permettant la différenciation terminale des hMSCs en ostéoblastes (Zhu *et al.,* 2011).

7.3.2 Asporine, odontoblastes et cellules pulpaires

Au sein des tissus minéralisés, l'expression de l'asporine est très faible, ainsi la protéine n'est pas détectée dans la dentine minéralisée. Il semble que l'asporine nouvellement synthétisée soit requise pour l'initiation de la minéralisation durant la phase précoce de la différenciation odontoblastique. Les résultats de Lee et al. en 2011 suggèrent que l'asporine serait impliquée dans la préparation des composants de minéralisation comme le collagène de type I et la phosphatase alcaline. Des expériences d'invalidation *in vitro* de l'asporine utilisant un système lentiviral ont montré une suppression de la minéralisation des hDPSC ainsi qu'une prévalence de la liaison entre la décorine et le collagène (Lee *et al.,* 2011). L'asporine est impliquée dans la différenciation odontoblastique en jouant un rôle positif dans la minéralisation de la prédentine en dentine.

7.3.3 Rôle inhibiteur de la minéralisation

7.3.3.1 Asporine et cartilage

L'asporine (PLAP-1) a également été décrite pour son rôle inhibiteur de la minéralisation du cartilage via sa liaison directe avec le TGF-ß dans le processus arthrosique. Ainsi, par inhibition des fonctions du TGF-ß, la chondrogenèse est supprimée. Cependant, il existe une boucle de rétro-contrôle car le TGF- ß stimule indirectement l'expression de l'asporine via la voie de SMAD-3, à la fois *in vitro* et *in vivo* dans les cellules du cartilage articulaire (Nakajima *et al.,* 2007 ; Kou *et al.,* 2007).

7.3.3.2 Asporine et ligament alvéolo-dentaire (PDL)

L'asporine maintient l'espace alvéolo-dentaire (PDL) en évitant sa minéralisation non-physiologique et prévient ainsi l'ankylose de la dent (figure 39). Ceci étant expliqué par la liaison entre le LRR5 de l'asporine et la BMP-2 induisant l'inhibition de l'activité de

BMP-2 (Yamada *et al.*, 2007; Tomoeda *et al.*, 2008). L'asporine diminue également l'activité phosphatase alcaline.

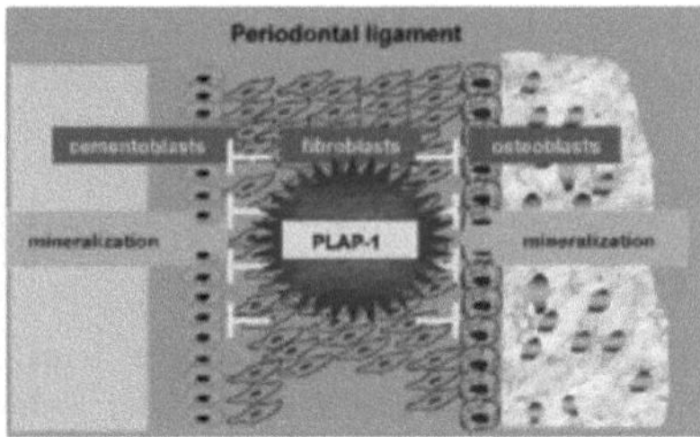

Figure 39 : Fonctions de PLAP-1 (asporine) *in vivo*. Au sein du PDL, PLAP-1 endogène inhibe les cellules du ligament d'entreprendre un processus ostéogénique et cementogénique probablement par suppression des fonctions de BMP-2. Ce mécanisme moléculaire préviendrait l'initiation de la minéralisation du PDL, au moins en partie si ce n'est de maintenir une homéostasie du tissu ligamentaire péri-dentaire (d'après Yamada *et al.*, 2008).

La surexpression de l'asporine dans les cellules du PDL supprime la cytodifférenciation et la minéralisation des cellules MPDL22 (clone de cellules du PDL de souris) en liant la BMP2.

7.4 Polymorphismes de l'asporine et prédisposition à l'ostéoarthrite (OA) et à la dégénérescence du disque vertébral (DD)

Bien que le rôle biologique de l'asporine demeure non élucidé, de nombreuses publications ont relaté son implication dans la physiopathologie de l'ostéoarthrite (OA) (Loughlin, 2011 ; Duval *et al.*, 2011 ; Sakao *et al.*, 2009 ; Gruber *et al.*, 2009 ; Atif *et al.*, 2008 ; Nakajima *et al.*, 2007). L'allèle typique de l'asporine contient 13 répétitions d'acide aspartique du coté N-terminal (D13-repeat) ; cependant le polymorphisme avec 14 répétions d'acide aspartique (D14-repeat) a été montré comme étant associé à l'OA (Kizawa *et al.*, 2005). Une méta analyse (Song *et al.*, 2008) a montré que le même allèle D14 était significativement associé avec la dégénérescence des disques vertébraux (DD) des populations chinoise et japonaise (pas caucasiennes (Atif *et al.*, 2008). De plus, le niveau d'expression de l'asporine est augmenté avec l'âge et la dégénérescence en rapport avec une diminution de l'aggrecan et du collagène de type II expliquée par des liaisons plus importantes du D14 (par rapport au D13) avec le TGF-ß.

L'impact des polymorphismes D14 et D16 a également été mis en évidence dans la spondylarthrite ankylosante (Liu *et al.*, 2010).

L'asporine a également été associée avec la progression de l'ostéoarthrite de la main (Bijsterbosch *et al.*, 2013).

L'asporine représente donc un bon marqueur de la pathologie surtout en association avec d'autres marqueurs cliniques ou génétiques. L'allèle D14 est un facteur de risque de l'OA (Poulou *et al.,* 2008 ; Takahashi *et al.,* 2010). Il existe d'autres polymorphismes génétiques associés à la DD : parmi 20 gènes analysés, les polymorphismes du récepteur de la vitamine D, de l'aggrecan, du collagen de type IX, de l'asporine, de la MMP13, de l'IL1 et de l'IL6 ont montré la plus forte prédisposition à la pathologie (Mayer *et al.,* 2013). Cette information génétique pourrait éventuellement être utilisée comme modèle prédictif pour déterminer le risque d'un patient à développer une DD symptomatique.

7.5 Marqueur en cancérologie

Certains auteurs mettent en évidence une variation de l'expression de l'asporine dans le processus de tumorigenèse. Ainsi, Turtoi et al. en 2011 ont montré une augmentation de certaines protéines dont l'asporine dans des tumeurs du canal pancréatique. Klee et al. en 2012 ont identifié des biomarqueurs sériques, dont l'asporine, de l'adénocarcinome de la prostate.

8. **Conversion dynamique de la prédentine en dentine**

La plupart des constituants de la dentine ne sont pas présents dans la prédentine et *vice versa*. La prédentine consiste en grande partie en des fibrilles de collagène de type I, des NCPs n'ayant pas encore subi de processus de clivage (comme la DSPP) ainsi que certains PGs : en majorité la décorine, le biglycan, le lumican et la fibromoduline (Embery *et al.,* 2001 ; Butler *et al.,* 2002). Spécifiquement, la phosphoprotéine dentinaire (DPP) ainsi que les protéines-GLA de type ostéocalcine sont absentes de la prédentine (Jontell et Linde, 1983). La principale raison pour laquelle la composition de la matrice minéralisée de la dentine est différente de celle de la prédentine repose sur le fait que la plupart des macromolécules comme la DPP, les PGs et les Gla-protéines sont ajoutées à la matrice au niveau (ou juste en deçà) du front de minéralisation entre la prédentine et la dentine. Cela s'explique probablement par le fait qu'elles soient transportées au sein du prolongement odontoblastique sur toute l'épaisseur de la prédentine puis sont libérées par exocytose au front (Linde, 1985 ; Embery *et al.,* 2001) (figure 41). Lors de la maturation de la prédentine, environ 40% des PGs vont disparaître (Farges, 2012).
De plus, la conversion de la prédentine en dentine implique des réactions contrôlées telles que le « processing » de grandes protéines acides en de petits fragments (Butler *et al.,* 2002).

9. **Mécanisme de la minéralisation de la dentine**

La phase minérale de la dentine est constituée d'hydroxyapatite carbonatée. La prédentine est la première à minéraliser par rapport à l'émail (Mjor et Fejerskov, 1986) commençant sous ce qui sera la future JED. La dentine s'épaissit au fur et à mesure que la vague de minéralisation se déplace latéralement en en direction centripète (c'est à dire de la JED vers la chambre pulpaire). Ce phénomène de dentinogenèse diminue de façon temporelle la taille de la chambre pulpaire.

La minéralisation de la prédentine n'a pas lieu de manière homogène. En effet, les rubans d'hydroxyapatite s'associent pour former des structures globulaires de 10 à 20 µm de diamètre appelées calcosphérites. Un calcosphérite peut englober jusqu'à une dizaine de tubules et la fusion des calcosphérites conduit à la formation d'une couche de dentine continue (Farges, 2012).

Durant la dentinogenèse, au moins trois différents sites et mécanismes de minéralisation ont été identifiés (Goldberg *et al.*, 2011). Ils sont expliqués ci-après (§ 9.1 à 9.3).

9.1 Transport du calcium à travers la couche odontoblastique

Lors de la formation de la dentine, les ions Ca^{2+} transitent à partir du réseau vasculaire (capillaires sanguins) sous-odontoblastique à travers la couche odontoblastique afin d'être incorporés dans la phase minérale à l'interface entre la prédentine non-minéralisée et la dentine minéralisée. Plusieurs mécanismes ont été proposés pour l'entrée du calcium au niveau du pôle basal de l'odontoblaste, pour son transport dans le cytoplasme, et pour sa sortie au niveau du prolongement odontoblastique. Les odontoblastes étant reliés par des jonctions serrées peu perméables au calcium, la majeure partie de cet ion transite par le cytoplasme odontoblastique (Farges, 2012) (figure 40). Il s'agit de précipitations dérivées du sérum des capillaires sanguins et qui ont lieu au sein de la dentine péri-canaliculaire (Goldberg *et al.*, 2011).

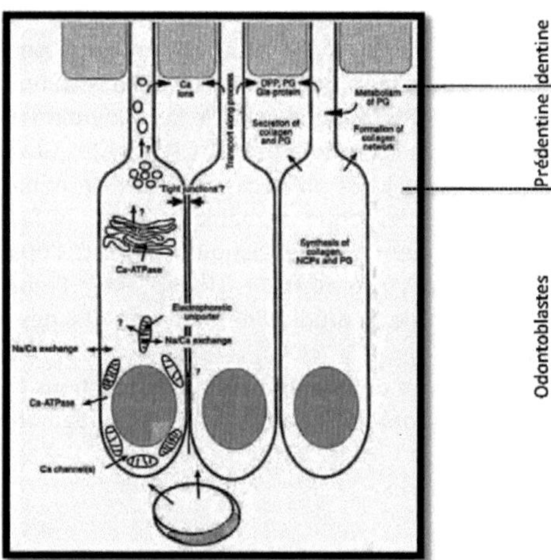

Figure 40 : Représentation schématique d'odontoblastes différenciés et actifs dans la production de dentine montrant (à gauche) des mécanismes différents de transport d'ions Ca^{2+} ainsi que différentes voies de sécrétion des macromolécules de la matrice dentinaire (à droite) (d'après Linde et Lundgren, 1995).

9.2 Minéralisation de la prédentine déposée entre les fibrilles d'ancrage

Il s'agit de la minéralisation au niveau du manteau dentinaire au niveau coronaire. Les fibrilles d'ancrage sont positionnées perpendiculairement à la JED. Dans ce cas, la formation des cristaux d'hydroxyapatite à partir des ions calcium et phosphates a lieu à l'intérieur de vésicules matricielles. Ces dernières contiennent de nombreuses enzymes, notamment des MMPs qui interviennent dans la dégradation partielle ou totale des PGs et autres glycoprotéines. De ce fait, ces vésicules permettent de créer un environnement favorable à la minéralisation. Lorsque la vésicule est pleine, le minéral perce la membrane et se dépose à l'intérieur des fibres de collagène pour former des nodules à partir desquels la minéralisation se propage. Les cristaux s'orientent de telle sorte que leur axe longitudinal est parallèle à celui de la fibre avec laquelle ils s'associent (Farges, 2012).

9.3 Minéralisation de la prédentine autour des prolongements odontoblastiques

Ce cas de minéralisation a lieu directement dans la matrice car il n'y a pas de vésicules matricielles dans la prédentine à ce niveau. Les cristaux d'hydroxyapatite se forment directement à l'intérieur des fibres de collagène de type I. Les phosphoprotéines, les protéines-Gla et les PGs, présents à ce niveau, régulent la formation et la croissance du minéral. Il s'agit donc d'une minéralisation orchestrée par les molécules de la MEC (Farges, 2012 ; Goldberg *et al.*, 2012).

ANOMALIES DE STRUCTURE DE LA DENTINE

La classification des altérations dentinaires a été établie par Shield et al. en 1973 et est aujourd'hui la plus familière. Elle distingue trois types de dentinogenèses imparfaites (DGI-I à III) et deux types de dysplasies dentinaires (DD-1 et -2).

1. Les dentinogenèses imparfaites (DGI)

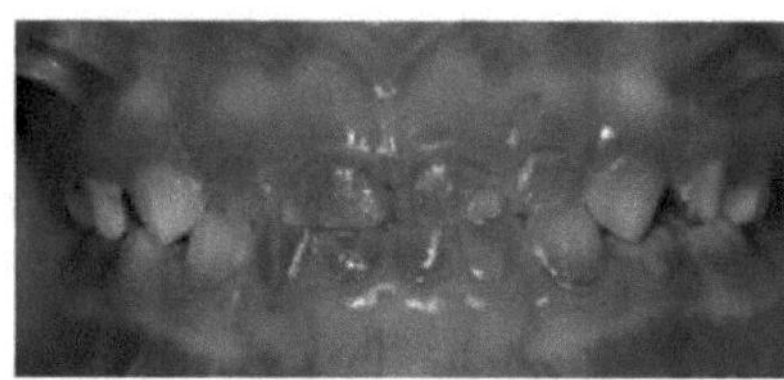

Figure 41 : Photographie clinique de dentinogenèse imparfaite.

Les dentinogenèses imparfaites (DGI) (figure 41) sont des anomalies héréditaires de structure de la dentine qui se transmettent selon un mode autosomique dominant. L'émail est normal, mais s'effrite facilement, mettant à nu une dentine peu résistante et qui s'use prématurément. Le diagnostic repose sur les aspects cliniques : les dents ont un aspect opalescent et une couleur qui va du bleu-gris au brun ambré. Les DGI affectent les deux dentures (temporaire et permanente). Elles peuvent être associées ou non à une maladie générale : l'ostéogenèse imparfaite (Barron *et al.*, 2008). Elles sont dues à des mutations de gènes qui codent pour des protéines de la matrice dentinaire. Les mutations les plus documentées, après celles affectant le collagène de type I (pour la DGI associée à une ostéogenèse imparfaite), sont celles touchant le gène de la DSPP (Maciejewska et Chomik, 2012).

La DGI de type I est une ostéogenèse imparfaite avec une DGI qui est causée dans la plupart des cas par des mutations sur deux gènes codant le collagène de type I.

La DGI de type II (anciennement maladie de Capdepont) est l'atteinte dentinaire la plus fréquente. Elle est associée au gène de la DSPP. Elle touche 1/6000 à 1/8000 individus.

La DGI de type III a été décrite dans une population tri-raciale d'un isolat du Maryland appelé Brandywine. L'incidence de la pathologie est très forte dans cette population (1/15). Ces patients présentent un élargissement du volume pulpaire coronaire et radiculaire au détriment du tissu dentinaire.

2. Les dysplasies dentinaires

Les dysplasies dentinaires (DD) sont des altérations héréditaires rares de la structure de la dentine qui se transmettent selon un mode autosomique dominant.

<u>La dysplasie dentinaire de type I</u> (DD I) ou dysplasie radiculaire. Il s'agit d'une affection rare (1/100 000) et affectant les deux dentitions. Cliniquement, les dents sont de taille, de morphologie et de teinte normales. Les premiers signes de la maladie sont des mobilités et des pertes prématurées des dents, spontanément ou suite à un traumatisme très mineur. En effet, les racines sont anormalement courtes, voire absentes (figure 42). Leur forme est caractéristique, conique et pointue à l'apex, leur donnant un aspect trapu, globulaire. Les dents pluriradiculées présentent fréquemment un taurodontisme sévère, correspondant à la fusion des racines sur une importante hauteur. Les chambres pulpaires ainsi que les canaux sont oblitérés (complètement ou partiellement) par un tissu d'aspect dentinaire. Enfin, on note la présence de nombreuses lésions péri-apicales, souvent sans connexion avec une quelconque affection carieuse (Molla *et al.*, 2006). C'est la seule dysplasie dont la physiopathologie et les fondements moléculaires restent flous (Kim et Simmer, 2007). Certains incriminent la composante épithéliale qui, par invagination, a un rôle sur la longueur de la racine, et d'autres la composante mésenchymateuse à l'origine de la formation de la dentine radiculaire (Shankly *et al.*, 1999).

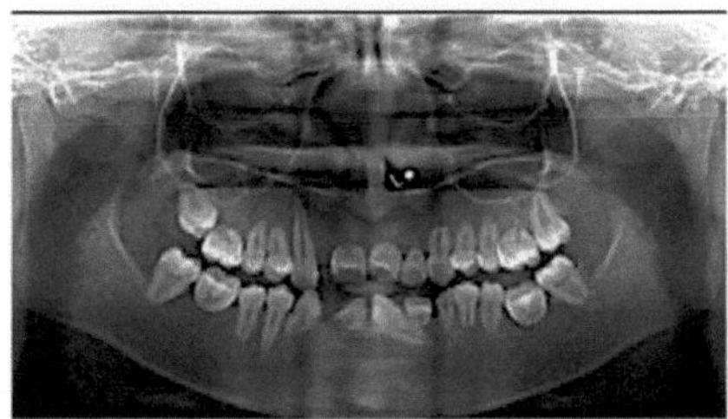

Figure 42 : Radiographie panoramique d'une dysplasie dentinaire de type I (Fulari et Tambake, 2013).

<u>La dysplasie dentinaire de type II</u> (DD II) ou dysplasie coronaire décrite par Shield et al. en 1973, n'atteint que la denture temporaire. Les dents temporaires sont opalescentes et de couleur ambrée (cliniquement identiques à la DGI de type II) alors que la denture permanente n'est pas atteinte (figure 43). La DD II résulte de différentes mutations du gène de la dentinogenèse imparfaite : la DSPP.

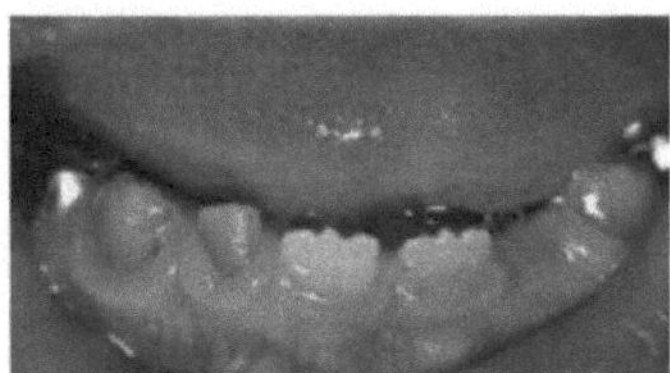

Figure 43 : Photographie clinique d'une dysplasie dentinaire de type II coronaire. Les dents temporaires sont opalescentes et de couleur ambrée alors que les deux incisives permanentes en éruption sont d'apparence normale.

Les données de la génétique permettent de simplifier la classification de Shield de 1973 (tableau 12) en montrant que certaines de ces entités, différenciées sur une base clinique, ne représentent en fait qu'une variabilité d'expressivité de la même pathologie moléculaire (Lamartine, 2003). Néanmoins, les défauts génétiques qui ont été découverts depuis ne permettent pas d'établir une nouvelle classification compréhensible basée sur les mutations établies (Barron *et al.*, 2008 ; Kim et Simmer, 2007).

Dentinogenèse Imparfaite (DGI)	DGI-I	Associée à une ostéogenèse imparfaite (mutation de gènes codant pour le collagène de type I, III, et V + enzymes) Anomalies de colorations (opalescence) et attrition des dents temporaires et permanentes. Oblitérations pulpaires
	DGI-II ou maladie de Capdepont, dent opalescente	Voisine de DGI-1, mais sans manifestation osseuse. Pénétrance (sévérité de la mutation) familiale plus forte. Mutation la plus fréquente du chromosome 4q21 *(mutation de DSPP)*
	DGI-III (Brandywine isolat du Maryland, mélange de population caucasienne, noire et d'individus américains)	Variations d'apparence Diminution de la dentine réduite à une simple coquille fine *(shell teeth)* et élargissement du volume pulpaire. Mutation de *DSPP*
Dysplasie dentinaire (DD)	DD-I (oblitération pulpaire et dysplasie radiculaire)	Forme normale de la couronne (1/100 000) Racines courtes Pulpe résiduelle oblitérée ou en croissant
	DD-II	Ressemble à DGI-II Couronne bulbeuse Pulpe oblitérée, contient des pulpolithes. Mutation de *DSPP*

Les DD-II, DGI-II et DGI-III de cette classification peuvent représenter des formes de sévérité croissante d'une même pathologie.

Tableau 12 : Classification de Shield de 1973 (d'après Goldberg, 2008 - pour revue).

FLUOR ET MINERALISATION

1. Généralités :

1.1 Nature du fluor

Le fluor (F) est le premier élément de la famille des halogènes. Il tend à compléter sa couche électronique externe en fixant un électron et devient ainsi facilement l'anion fluorure, F^-. Sous sa forme élémentaire, le fluor est un gaz jaune pâle, fortement toxique et corrosif. A l'état naturel, le fluor est combiné avec des minerais et on le retrouve dans le sol, l'air et l'eau, de même que dans les plantes et les animaux. C'est l'élément non métallique le plus chimiquement actif dû à sa forte électronégativité (capacité à attirer les électrons). En raison de sa forte réactivité, le fluor n'est donc jamais trouvé isolé à l'état naturel mais toujours lié à divers éléments électropositifs comme les alcalins (lithium, sodium, potassium) et les alcalinoterreux (calcium, magnésium). Lorsqu'il s'associe à des cations mono-chargés de rayon ionique important, il est très hydrosoluble comme c'est le cas pour le fluorure de sodium. De plus il peut dissocier aisément d'autres halogènes tels que le chlore, le brome et l'iode de leurs sels minéraux.

1.2 Historique

Le fluor (du latin fluere signifiant flux ou fondant) est d'abord mentionné au XVIe siècle par Basile Valentin sous le nom de « fluospar » puis décrit par Georgius Agricola en 1530, sous sa forme de fluorine, comme une substance utilisée pour promouvoir la fusion des métaux ou des minéraux. Cependant cet élément n'a été isolé qu'en 1886 par Henri Moissan grâce à une méthode ingénieuse d'électrolyse. Durant les deux siècles suivants, il est détecté au moyen de sa transformation en acide fluorhydrique (HF) et de sa capacité à être utilisé pour la gravure du verre.

En 1790, l'élément fluor fut trouvé dans les dépôts de roches de phosphate de même que dans les os, les dents et l'urine. En 1845, Middleton, s'appuyant sur l'idée que le fluor est absorbé par le sol environnant et l'eau au cours du temps, propose d'utiliser les fluorures pour déterminer l'âge géologique des os fossilisés. Malgré les imperfections des techniques d'analyse, il conclut que les concentrations de fluorures obtenues dans les os fossilisés étaient augmentées. Cette technique de datation est toujours utilisée de nos jours. A la moitié du $19^{\text{ème}}$ siècle, les fluorures ont été détectés dans le sang, les plantes, le charbon, les roches et l'eau de mer.

Les propriétés toxiques des fluorures inorganiques solubles étaient connues et exploitées au cours du 19e siècle. Dans les années 1880, l'usage des fluorures s'est développé de façon importante pour le contrôle de l'activité bactérienne indésirable pendant la fermentation. Cette inhibition du métabolisme microbien permit au fluorure de sodium (NaF) d'être utilisé comme conservateur d'aliments (Weinstein et Davison, 2003). En 1900, Kastle et Loevenhart décrivent que l'effet toxique des fluorures inorganiques était dû à leur capacité d'inhibition de certaines enzymes. Cette propriété, au cours de la première moitié du 20ème siècle, a fait l'objet de nombreuses études et a été très utile pour les biochimistes qui l'ont utilisé comme outil de détermination de voies de signalisation biochimique (Emden et Lehnartz, 1924).

La figure 44 résume l'évolution des topiques de recherche sur le fluor depuis 1930 jusqu'à nos jours.

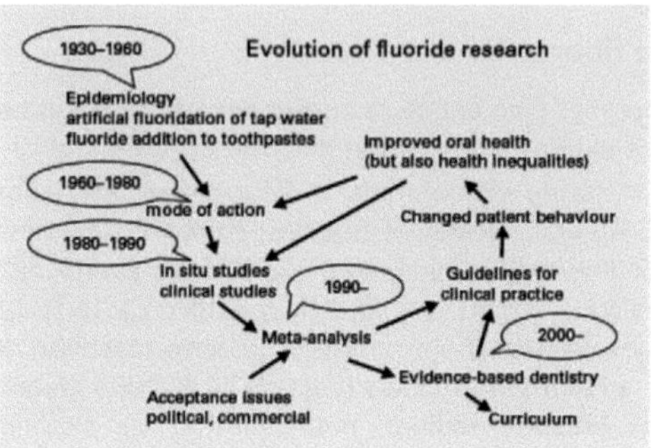

Figure 44 : Evolution de la recherche sur le fluor de 1930 à nos jours (d'après Ten cate, 2004).

1.3   Sources du fluor

<u>Minérale (roches et sols)</u> : l'élément fluor est le 13ème élément le plus abondant sur Terre (Smith et Hodge, 1979). Il est présent dans les roches dérivées des éruptions volcaniques ainsi que dans les roches sédimentaires. Les minéraux les plus exploités commercialement sont le fluospar (ou fluorite ou CaF), la fluorapatite ($Ca_{10}F_2(PO_4)_6$) et la cryolite (Na_3AlF_6). Les plus grands réservoirs de fluorures dans la biosphère sont les roches et les sédiments de surface, les sols et les océans. L'estimation du contenu en fluor dans les roches varie entre 100 et 1000 mg/kg (Weinstein et Davison, 2003). Les plus fortes concentrations en fluor se trouvent dans les zones riches en sédiments de phosphate et en fluorite. Dans les sols, la concentration en fluor varie entre 20 à quelques centaines de mg/kg (Davison *et al.*, 1973).

<u>Air</u> : les fluorures sont également présents dans l'air et proviennent alors des poussières des sols, des fumées rejetées par les industries du verre et de l'aluminium, par les mines d'extraction des phosphates ainsi que par les gaz d'origine volcanique.

<u>Eau</u> : Le fluor est un polluant d'origine naturelle dans l'eau. Sa concentration dans l'eau sur le globe terrestre dépend de la géologie, de la chimie, des caractéristiques physiques et du climat de la région. De plus, l'eau de source et des puits contient une plus forte concentration en fluor que l'eau de surface (lacs et rivières) (Azami-Aghdash *et al.*, 2013 - pour revue) (figure 45).

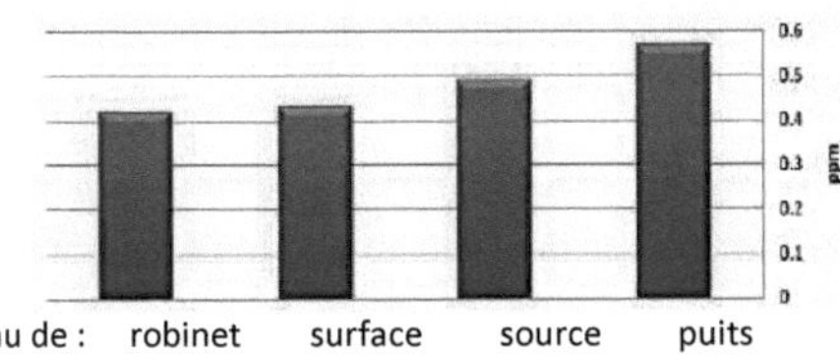

Figure 45 : Concentration en fluor selon le type de source d'eau considérée. L'eau des puits est la plus riche (d'après Azami-Aghdash *et al.,* 2013- revue).

NB : l'équivalence des unités de concentrations de fluor sont les suivantes : 1 ppm (partie par million) correspond à un rapport de 10^{-6} soit 1 mg/kg ou 1 mg/l, aussi 1ppm = 0,05 mM de fluor.

La littérature suggère que, si l'eau n'est pas en contact avec des minéraux à haute teneur en fluor, la fourchette de cette concentration se situe entre 0,01 et 0,4 mg/l (WHO, 2002). Certaines régions où les dépôts de fluorites ou de phosphates sont importants, les concentrations en fluor peuvent atteindre 7 à 18 mg/l (Rango *et al.,* 2012). L'eau de boisson peut avoir des concentrations variables en fluor selon la nature des roches traversées et en moyenne, on retrouve une concentration de 0,1-1 mg/L. Néanmoins, il existe des eaux minérales naturellement riches en fluorures, qui peuvent contenir de 1,5 mg/L à 8,5 mg/L.
De plus, la concentration en fluor est augmentée par l'activité humaine notamment par le déversement des égouts dans la mer et des effluents contenant des fluorures. Les effets des fluorures sur l'environnement doivent donc être interprétés en tenant compte de tous les polluants rejetés dans l'eau.

<u>Les aliments :</u> contiennent tous plus ou moins des fluorures. A noter que la présence de fluorures dans l'eau servant à la préparation des aliments peut augmenter la teneur en fluorures de ceux-ci. Le sel fluoré est une source à prendre en compte également. Le tableau 13 répertorie les catégories d'aliments les plus riches en fluor.

Aliment	Teneur en fluor (ppm de poids frais)
Thé	3,2-398,8
Viandes	<0,2-3,33
Poissons	< 0,2 – 26,89
Œufs	1,18
Lait	0,07-0,22
Fruits	0,06-1,32
Légumes et Tubercules	0,10-2,67
Céréales et Produits céréaliers	<0,10-31,0

Tableau 13 : Teneur en fluorures par catégorie d'aliments.

<u>Les produits dentaires</u> : la plupart des dentifrices contiennent des ions fluorures en grandes quantités (entre 500 et 13500 ppm).

Le fluor fait donc partie des éléments ingérés par les êtres vivants en plus ou moins forte quantité en fonction de la zone géographique et des contextes environnementaux.

La consommation d'aliments et d'eau de boisson constitue la principale voie d'exposition aux fluorures pour les adultes, tandis que l'ingestion de dentifrice par les enfants en bas âge contribue de façon significative à leur apport total en fluorures.

1.4   Utilisations des fluorures

Les principaux usages industriels des fluorures (inorganiques) concernent la production d'aluminium et de produits chimiques spéciaux utilisés dans la réfrigération et le conditionnement d'air au moyen des fluorocarbones.

Les fluorures sont également ajoutés à l'eau de boisson et aux produits de soins dentaires. Les fluorures inorganiques les plus courants sont le fluorure d'hydrogène (HF), le fluorure de calcium (CaF_2), le fluorure de sodium (NaF), l'hexafluorure de souffre (SF_6) et les silicofluorures.

L'être humain retient entre 60 et 90 % du fluor absorbé et le concentre presque entièrement dans la phase minérale et extracellulaire des os et des dents. La forte affinité des ions fluorures avec les tissus calcifiés est d'ailleurs à la base de leur intérêt en médecine. Cependant, les fluorures n'entrent pas dans la catégorie des nutriments dits «essentiels» car ils ne sont pas indispensables pour assurer la croissance ou le développement de notre organisme (EFSA, 2005). Néanmoins, ce sont des éléments qui contribuent à l'entretien normal des dents et des os s'ils sont pris à dose modérée. Car en effet, l'exposition prolongée à de fortes doses de fluorures entraine une toxicité pour ces organes ainsi que pour d'autres comme les reins et le cerveau.

1.4.1 <u>Applications du fluor en rhumatologie</u>

Le fluor a une action sur l'os. Il stimule l'activité des ostéoblastes (augmentation de la synthèse d'ADN) et accroit la masse osseuse trabéculaire, ce qui a conduit à le proposer dans le traitement de l'ostéoporose (Rich et Ensinck, 1961 ; Marie *et al.,* 1992). Cependant, dans cette indication, des études ont montré que les propriétés mécaniques de l'os ne sont pas augmentées. Aujourd'hui, ce traitement est controversé car des études en double-aveugle ont montré que l'augmentation de la masse osseuse ne contribue pas à la réduction du nombre de nouvelles fractures (Caverzasio *et al,* 1998 ; Lau et Baylink, 1998). Les auteurs constatent une réduction de la qualité osseuse notamment avec l'apparition de défauts de minéralisation. Si les doses de fluor dépassent 10 mg par jour, une fluorose osseuse peut apparaître après plusieurs années d'exposition. Cette fluorose se traduit par une augmentation de la fragilité osseuse, à l'origine de fractures et de tassements vertébraux. Du fait de ces incertitudes et du risque de fluorose, des limitations de la prescription de fluor pour le traitement de l'ostéoporose ont été conseillées : ne pas dépasser la dose de   10 à 20 mg/j pendant une durée inférieure à 3 ans et y adjoindre du calcium pour éviter l'apparition d'une ostéomalacie.

1.4.2 <u>Utilisation du fluor en dentisterie</u>

Malgré le recul de l'incidence de la carie dans les pays industrialisés (dans les années 1970, la maladie carieuse avait été déclarée par l'O.M.S. troisième fléau mondial), elle demeure encore aujourd'hui un problème de santé publique.
Le rôle des fluorures dans la prévention de la carie dentaire est unanimement reconnu depuis les travaux de Dean (Dean, 1947). Des études épidémiologiques ont en effet indiqué qu'il existe chez l'enfant une relation inverse entre l'incidence des caries dentaires et la consommation de fluorures (Twetman, 2009 ; Wong *et al.,* 2011). Le fluor est administré selon deux modalités distinctes : la voie topique et la voie systémique (Hellwig et Lennon, 2004).
Bien que dans le langage courant le terme «fluor» soit généralement utilisé, l'apport en fluor s'effectue sous forme de sels (fluorures). Les sels les plus utilisés pour des applications dentaires sont : le fluorure de sodium, le monofluorophosphate de sodium, le fluorure d'amine et le fluorure d'étain.
Le fluor administré sous forme systémique s'incorpore dans la dent en formation. La forme la plus usuelle pour l'action systémique est le fluorure en solution *per os,* c'est-à-dire dans l'eau de boisson, alors que celle pour l'action topique est le fluorure des dentifrices.
L'application topique de fluorures, agissant seulement après l'éruption de la dent, favorise la reminéralisation des cristaux d'hydroxyapatite de l'émail, exerce une action anti-cariogène car il améliore la qualité de l'émail, et a une action bactéricide locale (Hamilton, 1990 ; Moreno *et al.,* 1974). Cependant la toxicité des fluorures pris à une dose supérieure à 2 mg/j pendant la formation des dents expose au risque de fluorose et, par conséquent, pose la question de son usage systémique (Aoba et Fejerskov, 2002 ; DenBesten et Li, 2011). C'est pourquoi, les modalités d'administration des fluorures ont fait l'objet de débats entre les experts au vu de toutes les données expérimentales, cliniques et épidémiologiques actuellement disponibles (Marthaler *et al.,* 2003). La littérature scientifique récente préconise une application locale (de préférence via le dentifrice) plutôt que l'ingestion (comprimés et eau potable), considérée comme moins efficace (Pizzo *et al.,* 2007).
Il n'existe donc aucun besoin physiologique en fluorure et aucune manifestation spécifique de carence en fluorure n'a pu être mise en évidence. Dès lors, aucune recommandation spécifique relative à l'ingestion de fluorure via l'alimentation n'est donnée par les autorités sanitaires. Dans le cadre particulier de la prévention des caries, aucune recommandation complémentaire n'est faite pour les femmes enceintes et les nourrissons. En effet, la perméabilité transplacentaire à l'égard des fluorures d'une part et l'effet protecteur persistant de l'administration avant l'apparition de la dentition d'autre part n'ont pas été démontrés.

2. <u>Toxicité du fluor</u>

Le tableau 14, représente les effets toxiques du fluor, sur le corps humain, en fonction de la dose ingérée.

Dose de fluor (en mg/j)	Effets du fluor
< 1	protection de la carie
> 5	risque de fluorose dentaire
20 à 40	fluorose du squelette
20 à 80	fluorose ankylosante
100	retard de croissance
125	altération rénale
200 à 500	dose létale

Tableau 14 : Effets toxiques du fluor sur les organes du corps humain (d'après (2)).

2.1   Fluoroses dentaires

Jusque dans les années 1990, la toxicité du fluor a été largement ignorée due à sa bonne réputation d'agent protecteur de la carie. Cependant, le fluor a retenu l'intérêt des toxicologistes à cause de ses effets délétères à hautes doses sur les populations. Le risque principal et le plus fréquent lié à un apport excessif de fluor par ingestion (systémique) est celui de la fluorose dentaire. C'est le premier effet visible de la toxicité du fluor (Yadav *et al.*, 2009). La fluorose dentaire ne survient que lors de la période de minéralisation des dents. L'intoxication au fluor provoque une perturbation de la croissance terminale des cristaux d'apatite de l'émail conduisant à un tissu fluorotique poreux (Robinson *et al.*, 2004). Si l'atteinte est importante, l'émail poreux est susceptible d'incorporer tout élément exogène coloré et engendrer une coloration des dents (allant de la simple tache blanche à une nappe marron ou brune) (figure 22B).

La sévérité des altérations est multifactorielle et dépend de la dose ingérée, du moment d'exposition (phase de formation de l'émail), de la durée d'imprégnation et de la variabilité interindividuelle. L'accumulation et la méconnaissance des diverses sources d'apport de fluorures sont à l'origine de la plupart des cas de fluorose dentaire. Dans la majorité des cas, le retentissement est principalement esthétique. Il faut particulièrement être vigilant pour les enfants âgés de 0-4 ans, période de minéralisation des couronnes des incisives (figure 46), ce d'autant plus qu'à cet âge et jusque vers l'âge de 6 ans, une quantité importante de dentifrice est ingéré involontairement.

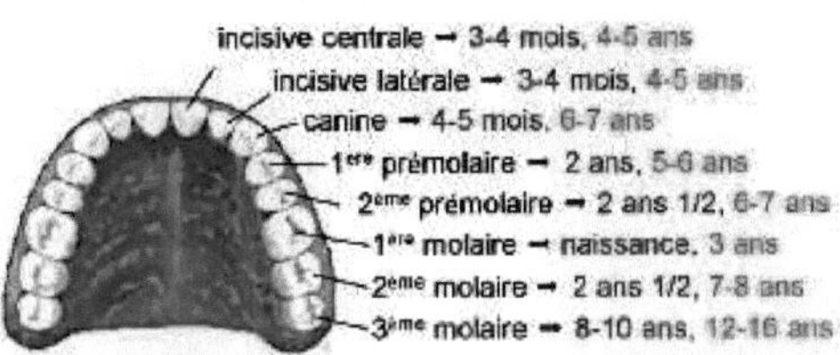

Figure 46 : Minéralisation des couronnes des dents permanentes humaines (d'après (3)).

2.2 Fluoroses osseuses

Si la dose de fluor ingérée est comprise entre 10 et 40 mg/j, la minéralisation osseuse est affectée et il y a donc un risque de fluorose osseuse (Everett *et al.,* 2002; Chachra *et al.,* 2010). Cette toxicité affecte principalement le squelette, avec le développement d'une pathologie osseuse caractérisée par une densification osseuse. La fluorose osseuse peut être cliniquement latente et découverte par radiographie ou ostéodensitométrie. C'est une affection assez bénigne sauf en cas de carences associées. Les principaux signes cliniques observés dans la fluorose squelettique de l'adulte sont les suivants : des douleurs osseuses, une raideur et une réduction des mouvements de la colonne vertébrale et des articulations, des déformations de la colonne vertébrale et des membres, certains patients pouvant être grabataires. La fluorose squelettique est très souvent associée avec une ostéosclérose, principalement de la colonne vertébrale, de la ceinture pelvienne et du thorax, c'est-à-dire du squelette axial, riche en os spongieux.

2.3 Autres effets toxiques

Les modèles animaux répondent aux effets toxiques du fluor de la même façon que les humains. Les effets délétères du fluor peuvent donc être reproduits expérimentalement dans ces modèles dans le but de déterminer les mécanismes d'action du fluor.

Le fluor agit sur les dents, les os et les reins (les plus concernés) mais aussi sur le cœur, le foie, le tractus gastro-intestinal, les testicules, le sang, les hormones et sur les paramètres biochimiques (Perumal *et al.,* 2013 - pour revue). Le fluor a également une action neurotoxique aboutissant à des pertes de mémoire et des défauts d'apprentissage. L'exposition à un excès de fluor peut conduire aussi à des effets nocifs sur la reproduction, le vieillissement précoce et parfois même à des effets tératogènes.

3. Réglementation- recommandations du fluor dans l'art dentaire

Au vu des données scientifiques récentes (Espelid, 2009) et des recommandations internationales en la matière, le Conseil Supérieur de la Santé (CSS) (publication N°8671 : *révision du 7 décembre 2011 de l'avis Fluor n° : 8520 de* l'EAPD de 2009) conclut que :

- L'utilisation quotidienne de dentifrices fluorés est recommandée pour la prévention des caries dentaires. Les modalités précises d'utilisation sont exposées dans le tableau ci-dessous.

AGE	CONCENTRATION EN FLUORURE	BROSSAGES PAR JOUR	QUANTITE DE DENTIFRICE[2]
Jusqu'à 2 ans	500 - 1000 ppm	2	Taille d'un petit pois
Entre 2 et 6 ans	1000 - 1450 ppm	2	Taille d'un petit pois
Plus de 6 ans et adultes	1450 ppm	2	Longueur de 1-2 cm

- D'un point de vue médical, il n'existe aucune raison de préconiser la prise (per os) quotidienne ou régulière d'une préparation à base de fluorure (comprimés ou gouttes).

	RECOMMANDATION	RESTRICTION	REGIME
GELS 5.000-12.500 ppm F	Uniquement dentition définitive Apposés par le dentiste	Pas < 6 ans	2 à 4 fois par an (ensuite ne pas boire ni manger durant 20-30 min)
BAINS DE BOUCHE 225 ppm F ou 900 ppm F	Uniquement dentition définitive	Pas < 6 ans	Quotidiennement (225 ppm) ou par semaine (900 ppm) ; 10 ml durant 1 minute (ensuite ne pas boire ni manger durant 20-30 min)
VERNIS 1.000 – 53.300 ppm F	Dentition de lait et définitive Apposés par le dentiste		2 à 4 fois par an Quantité minimale aux endroits à risque (ensuite ne pas boire ni manger durant 20-30 min)

Les suppléments de fluorures ne doivent être utilisés que si cet apport est considéré nécessaire d'un point de vu médical ou tout au moins fondé. Il faut alors prendre en compte la concentration en fluorures de l'eau potable et des aliments consommés, de même que l'application de produits d'hygiène à base de fluorures (en particulier le dentifrice). Ceci est particulièrement important pour le nourrisson de moins de 6 mois, chez qui la concentration limite supérieure (CLS) peut être atteinte avec 750 ml d'eau/j à une concentration de   0,8 mg/l.

En outre, le CSS émet les recommandations suivantes :

- Le dosage des dentifrices destinés aux enfants doit être contrôlé;

En effet, les enfants avalent toujours une partie du dentifrice, surtout les plus jeunes, d'autant que de nombreux dentifrices pour enfants sont aromatisés. L'ingestion de dentifrice diminue avec l'âge : de 2 à 4 ans, 50 % du dentifrice est avalé ; de 4 à 6 ans, 30 % du dentifrice est avalé ; à 6 ans et plus, 10 % du dentifrice est avalé.

- La vente de dentifrices dont la teneur en fluorure est supérieure à 1.450 ppm ne peut être autorisée qu'en pharmacie et sur avis de médecins ou de dentistes;
- Les gels, bains de bouches et vernis contenant des fluorures ne doivent être conseillés qu'après l'éruption des dents définitives et lorsque le risque carieux est élevé. Soit de deux à quatre fois par an pour les gels et vernis, soit quotidiennement/chaque semaine pour les bains de bouche;
- Les comprimés et gouttes de fluorure ne doivent être utilisés que dans les groupes à risque élevé de caries surtout pour leur effet local (il est recommandé de les laisser fondre lentement).

L'Organisation Mondiale de la Santé (OMS-WHO) accepte une concentration de fluor de   1,5 mg/l pour l'eau potable, potentiellement fluorée naturellement, et ce, sur la base d'une consommation de 2 litres d'eau par jour. Pour l'eau potable artificiellement fluorée, une concentration de 0,5 à 1,0 mg/l est recommandée (WHO, 2011).

L'European Food Safety Authority (EFSA) a fixé la CLS d'apport en fluorure à 0,1 mg/kg/jour pour les enfants de 0 à 8 ans, sachant que la dose prophylactique optimale est à 0,05 mg de fluorure/kg/jour. Partant du fait que la prévalence d'une intoxication en fluorure, se traduisant par une fluorose de la denture définitive, est inférieure à 5 % parmi des populations ingérant entre 0,08 et 0,12 mg de fluorure/kg/jour, ceci équivaut à 1,5 et   2,5 mg/j pour des enfants de respectivement de 1 à 3 ans et de 4 à 8 ans. Pour les enfants de plus de 8 ans et les adultes, une limite de 5 à 7 mg/j est acceptée.

En résumé, la règle d'or consiste à ne pas multiplier les apports. En France, les apports conseillés et la limite de sécurité selon la classe d'âge sont :

Age	Apport conseillé (mg/j)	Limite de sécurité (mg/j)
0-6 mois	0,1	0,4
6-12 mois	0,2	0,5
1-3 ans	0,5	0,7
4-8 ans	1	2,2
> 9 ans	1,5	4

Quoiqu'il en soit, il en ressort que l'incidence du degré de fluorose dentaire et de sa fréquence d'apparition dans la population est en permanence réévaluée par les autorités de santé.

4.   Mécanismes d'action des fluorures

4.1   Métabolisme des fluorures

Pour comprendre les effets biologiques du fluor sur l'organisme, il est important d'avoir un aperçu sur le métabolisme du fluor (figure 47).

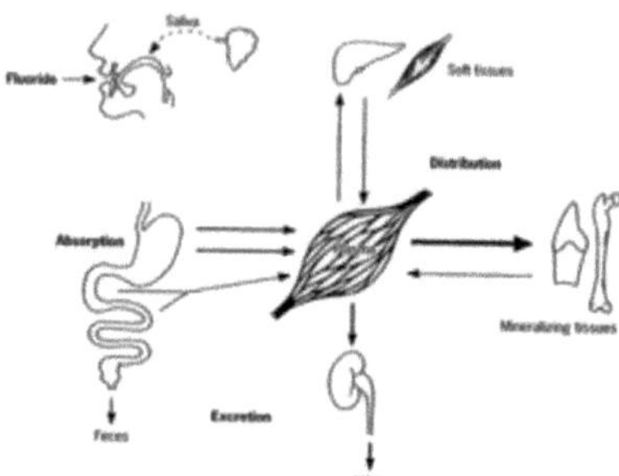

Figure 47 : Métabolisme d'action des fluorures chez l'homme.

Pour des adultes sains, jeunes et matures, la moitié du fluor absorbé sera retenue et absorbée par les tissus calcifiés et l'autre moitié sera excrétée dans les urines. Pour les enfants, jusqu'à 80% du fluor ingéré peut être retenu du fait des besoins augmentés en éléments nécessaires à la biominéralisation de l'os et des dents (Ekstrand *et al.*, 1994). En effet, la rétention des fluorures dans le corps humain est due essentiellement aux propriétés de l'apatite. De plus, il existe des facteurs de variation de l'absorption des fluorures listés dans le tableau 15 :

Facteurs diminuant leur absorption	Facteurs augmentant leur absorption
Bol alimentaire important	Acidité gastrique
Calcium	Phosphates
Magnésium	**Fer**
Aluminium	Sulfates
	Vitamine D

Tableau 15 : Facteurs de variation de l'absorption des fluorures.

4.2   Effets du fluor sur la phase minérale

Le fluor s'incorpore dans l'apatite de part sa forte affinité pour les tissus calcifiés impliquant des échanges ioniques à sa surface. Ainsi, les fluorures s'intègrent au réseau cristallin de la dent (phase minérale) par substitution des radicaux hydroxyles de l'apatite donnant la fluoroapatite (ou apatite fluorée) ($Ca_{10}\,F_2(PO_4)_6$), composé très résistant aux attaques acides mais instable dans le temps. C'est la précipitation du CaF_2 qui sert d'agent protecteur du minéral amélaire.

Dans l'os, l'incorporation du fluor n'est pas définitive à cause du remodelage permanent. La rétention fluorée squelettique est plus importante chez l'enfant en croissance que chez l'adulte. En revanche, l'incorporation du fluor par voie systémique dans les tissus dentaires est définitive et n'a lieu que pendant la phase de leur minéralisation.

Dans l'émail, une partie est incorporée pendant la période de développement (avant éruption), puis une autre partie provient de l'environnement buccal (après éruption).

Le fluor interagit avec les tissus minéralisés par de nombreuses voies :

A faibles doses (<0,5 mg/l), le fluor s'incorpore passivement dans le minéral, le stabilisant contre la dissolution. C'est ce mécanisme qui est ciblé par la fluoration de l'eau des villes afin de réduire la prévalence des caries dentaires.

A hautes doses (dès 1 mg/l), comparables à celles utilisées pour le traitement de l'ostéoporose, le fluor peut modifier la quantité et la structure des tissus présents, y compris l'interface entre le collagène et le minéral.

A très hautes doses (>5 mg /l), les fluoroses dentaire et squelettique apparaissent, caractérisées par des changements aberrants du squelette et des taches blanches opaques ou des discolorations des dents accompagnées de zones de fragilité et/ou d'usure de l'émail (Aoba et Fejerskov, 2002 ; Chachra *et al.,* 2008).

Avec l'augmentation de la sévérité de la fluorose dentaire, la couche de subsurface de l'émail devient très poreuse (hypominéralisée), et les lésions s'étendent dans la profondeur de l'émail. Et après l'éruption, les formes les plus graves sont soumises à une fracture mécanique de l'émail

Les cristaux de l'émail fluorotique chez des rats traités avec 75 ppm de fluor sont significativement plus rugueux que leurs équivalents sains et présentent de nombreuses anomalies morphologiques quelque soit le stade de développement de l'émail. Cette augmentation de rugosité de surface est aussi retrouvée *in vitro* après exposition au fluor de cristaux d'émail humain (Chen *et al.,* 2006).

4.2.1 Effet carioprotecteur

Des études épidémiologiques ont montré une prévalence importante de caries et de fractures osseuses au sein de populations vivants dans des régions où le taux de fluor dans l'eau était relativement bas (0,1-0,3 mg/l) (Dean, 1947 ; Bernstein *et al.,* 1966). Le rôle princeps du fluor repose sur la voie topique de prophylaxie de la maladie carieuse par sa capacité à stabiliser la trame minérale et à reminéraliser la surface dentaire (Ten Cate, 2004) grâce à son interaction avec la phase minérale (Robinson *et al.,* 2004). Cet effet post-éruptif est dû non seulement à une diminution de la production d'acides par les bactéries de la plaque dentaire car le fluor inhibe l'activité énolase bactérienne (Hamilton, 1990 ; Takahashi et Washio, 2011), mais aussi à une augmentation du taux de reminéralisation suivant les épisodes acidogènes (Bowden, 1990 ; Hamilton, 1990, Marquis, 1995). Il est également actif contre l'hypersensibilité dentinaire et préviendrait les caries radiculaires (Peterson, 2013). Les fluorures exercent des effets sur la trame minéralisée à faible dose et une action directe sur les améloblastes à forte dose (Bronckers *et al.,* 2009).

4.3 Effets cellulaires du fluor

4.3.1 <u>Schéma général des mécanismes moléculaires de la toxicité du fluor</u>

Le fluor agit sur le métabolisme cellulaire même à faibles doses (Wurtz *et al.*, 2008 ; Barbier *et al.*, 2010). Ses dernières années, de nombreuses investigations ont démontré que le fluor peut induire du stress oxydatif et moduler l'homéostasie d'oxydo-réduction intracellulaire. Le fluor agit sur la peroxydation des lipides et le contenu carbonyl des protéines et peut altérer l'expression génique ainsi que causer l'apoptose des cellules (Barbier *et al.*, 2010). Les gènes modulés par le fluor sont très nombreux (figure 48) et concernent aussi bien :   les protéines de transport que la réponse au stress, l'inflammation, le métabolisme des activités enzymatiques (Aoba et Fejerskov, 2002 ; DenBesten *et al.*, 2011 ; Tye *et al.*, 2012) la prolifération, le cycle cellulaire, la communication cellule-cellule, la migration cellulaire, les voies de signalisation intracellulaire (Manduca *et al.*, 2005 ; Bourgoin *et al.*, 1996 ; Zerwekh *et al.*, 1990) ainsi que des molécules de la MEC (Wurtz *et al.*, 2008 ; Barbier *et al.*, 2010 - pour revue ; Perumal *et al., 2013* - pour revue).

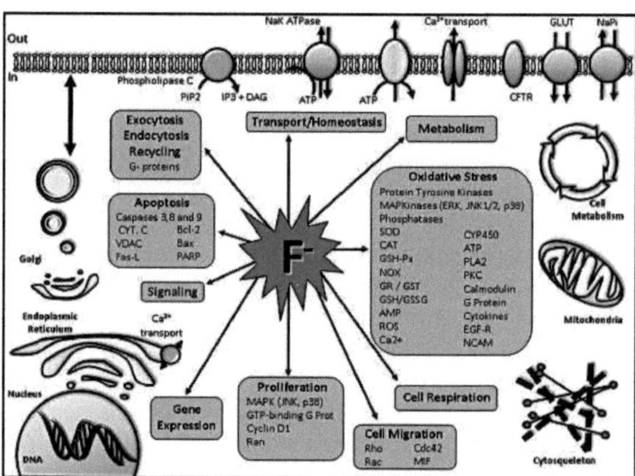

Figure 48 : Schéma général des conséquences biologiques de l'exposition au fluor (F⁻) sur des cellules de mammifères (d'après Barbier *et al.*, 2010 - pour revue).

4.3.2 <u>Fluor et améloblastes</u>

4.3.2.1 In vitro

Le mécanisme d'action du fluor n'est pas encore clairement établi. Différentes études ont abordé cette question par des approches expérimentales *in vitro* :

1. Sur un système de culture *in vitro* d'améloblastes murins, le fluor altère le cytosquelette d'actine (il augmente le nombre de filaments d'actine) en interférant

avec la voie de signalisation Rho/ROCK. Cet effet serait responsable d'altérations dans la morphologie apicale, fonctionnelle et riche en filaments d'actine, des améloblastes lors du phénomène de modulation lors du stade de maturation (Li *et al.*, 2005).

2. Une lignée d'améloblastes issue d'un organe dentaire d'un fœtus humain traitée par une concentration de 10 µM de fluor induit une diminution d'expression de la MMP20 et une rétention des amélogénines lors de la formation de l'émail fluorotique (Zhang *et al.*, 2006). Cette diminution est induite par une action du fluor sur la voie de signalisation JNK/c-JUN (Zhang *et al.*, 2007).

3. Le fluor à doses micro-molaires induit la prolifération de cellules améloblastiques humaines *in vitro* (Yan *et al.*, 2007). Mais, le traitement à hautes doses de fluor (>2 mM) de cellules améloblastes-like de souris (LS8) en phase de maturation forcée (par de l'acide rétinoïque et de la dexaméthazone) induit l'apoptose et la mort des cellules via une diminution d'expression de Bcl-2 (B-cell lymphoma 2) un facteur anti-apoptotique (Yang *et al.*, 2013).

4. Le fluor est aussi capable d'induire la dégradation intracellulaire des amélogénines nouvellement synthétisées lors de la phase de sécrétion de l'amélogenèse dans des explants dentaires de hamsters traités au fluor *in vitro* (Bronckers *et al.*, 2002).

5. De même, sur une culture de LS8, une dose de 0,25 mM de NaF diminue l'expression des protéines de l'émail (amélogénine, améloblastine et énaméline), de la MMP20 ainsi que de nombreuses cytokines (VEGF; MCP1 et IP-10). Alors que 0,05 mM de NaF promeut la prolifération des LS8 et l'activité phosphatase alcaline, la dose de 0,25 mM les inhibent. Le fluor peut donc aussi impacter le stade de sécrétion et expliquer en partie les défauts de minéralisation caractéristiques de l'émail fluorotique (Riksen *et al.*, 2010).

4.3.2.2 In vivo

Comme le montre les études *in vitro*, le fluor est capable d'agir sur différents mécanismes cellulaires. *In vivo*, le fluor peut donc avoir des effets cellulaires (prolifération, apoptose), moléculaires (modulation d'expression de gène, inhibition d'activités enzymatiques) et sur le minéral :

- Lyaruu et al. en 2006 ont montré qu'une dose aigue de NaF, administrée à des hamsters, cible les améloblastes au stade de transition et de pré-sécrétion (apparition de lésion kystique avec cellules nécrotique à 20 ppm).

- Le traitement au fluor entre 50 et 100 ppm *ad libitum* génère un stress du réticulum endoplasmique et inhibe ainsi la synthèse protéique (Denbesten et Li, 2011).

- De nombreuses études montrent une diminution de la sécrétion des enzymes KLK4 et MMP20 (Jing *et al.*, 2006; Kubota *et al.*, 2005).

- Cependant, une étude menée sur des hémi-mandibules de porc, montre que des concentrations allant jusqu'à 10 mM de fluor n'inhibent pas directement l'activité des protéases de l'émail (KLK4, MMP20, cathepsine K (Tye *et al.*,

2009), DPPI (dipeptidyl peptidase qui est un activateur *in vitro* de la KLK4) (Tye *et al.*, 2011).

- Parallèlement, la quantité de protéines matricielles est augmentée. Ainsi, au stade de maturation précoce, la quantité relative d'amélogénines est augmentée par le fluor de façon dose dépendante. Cela apparaît comme un retard dans la dégradation des amélogénines lors de la maturation de l'émail ayant pour résultat une inhibition de la croissance des cristaux (Shore *et al.*, 1993; DenBesten *et al.*, 2002). Des rats exposés à des doses croissantes de fluor (de 25 à 100 ppm), ne montrent aucune différence avec le contrôle dans la phase de sécrétion mais voient la quantité d'amélogénine (non dégradée) augmentée dans la phase de maturation précoce et tardive pour les plus exposés (DenBesten *et al.*, 1986). L'exposition chronique au fluor cible donc le stade de maturation de l'émail (DenBesten, 1986).
- Enfin, chez les rongeurs, le fluor crée une augmentation de la précipitation du minéral qui induit une diminution locale du pH de la matrice (acidification du milieu) et affecte donc le phénomène de modulation des améloblastes de maturation ce qui explique la diminution du nombre de cycle de modulation des améloblastes passant de bordure plissée à bordure lisse (DenBesten *et al.*, 1985; Nishikawa et Josephsen, 1987; Smith *et al.*, 1993; DenBesten et Li, 2011).

4.3.2.3 Mécanismes de la fluorose dentaire

Les mécanismes d'action du fluor demeurent encore incertains mais semblent impliquer à la fois des événements intracellulaires et extracellulaires (Fejerskov *et al.*, 1994; Robinson *et al.*, 2004; Bronckers *et al.*, 2006; Bronckers *et al.*, 2009) et dépendent du fond génétique (Everett *et al.*, 2002).

L'amélogenèse est initiée dans un environnement de pH neutre alors qu'au stade de maturation, le pH baisse considérablement passant en dessous de 6 afin de permettre la précipitation du minéral. Ce pH acide facilite l'entrée du F⁻ dans les cellules, c'est pourquoi le fluor agit particulièrement au stade de maturation. Ainsi, le fluor induit la phosphorylation de eIF2α uniquement au stade de maturation. Le stress cellulaire est également augmenté dans les améloblastes de souris immortalisés (LS8) après traitement au fluor dans des conditions de faible pH.
De plus, le fluor diminue de façon significative les taux de deux ARNm exprimés dans les améloblastes au stade de maturation : l'amélotine (à 100 ppm) (protéine impliquée dans l'adhésion cellulaire) et la KLK4 (à faible dose : 50 ppm) (sérine protéase de dégradation matricielle). A contrario, le fluor n'induit pas de modifications des gènes de l'amélogénine, de l'améloblastine et de l'énaméline dont l'expression a lieu au cours de la sécrétion. Ces revues mentionnent aussi que le fluor n'a pas d'action sur l'activité des enzymes protéolytiques MMP20 et KLK4 (Sierant et Bartlett, 2012).

Pour la KLK4, le fluor peut réguler son activité par au moins trois mécanismes différents :

a) le fluor peut diminuer la synthèse de Klk4 via la phosphorylation du facteur d'initiation de la traduction eIF2α résultant en une diminution globale de la traduction protéique.
b) Le fluor peut diminuer la sécrétion directe de l'enzyme par les améloblastes.
c) Le fluor peut affecter l'état d'équilibre des ARNm exprimés au stade de maturation.

Lors du stade de maturation, il y a une précipitation massive de l'hydroxyapatite avec une libération d'ions H^+. Les ions F^- peuvent s'associer de façon réversible aux ions H^+ pour former de l'acide fluorhydrique (HF). Approximativement 25 fois plus de HF sont formés à pH 6 qu'à pH 7,4. Le HF diffuse dans la cellule plus facilement que le F_2 et passe de ce fait de l'environnement acide de la matrice de l'émail au stade de maturation au cytosol neutre de l'améloblaste. Ce pH neutre induit la transformation du HF en F^-. L'excès de F^- dans la cellule interfère avec l'homéostasie du réticulum endoplasmique résultant en la dimérisation et en la phosphorylation de PERK et de son substrat eIF2α. Par conséquent, la synthèse protéique se trouve inhibée. Le stress du réticulum endoplasmique peut également entraîner une augmentation de la dégradation des enzymes comme la KLK4. Une diminution de la sécrétion enzymatique entraine un retard de dégradation des protéines de l'émail aboutissant à un contenu protéique important observé dans l'émail fluorotique (figure 49).

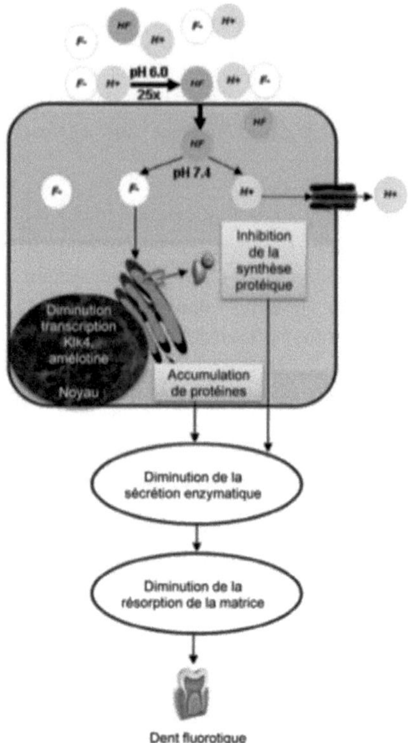

Figure 49 : Schéma montrant le mécanisme d'action du fluor sur les améloblastes au stade de maturation (d'après Sierant et Bartlett, 2012 - reproduit de Sharma *et al.*, 2010 - modifié).

En conclusion, le fluor diminue l'expression des gènes de la matrice de l'émail lors du stade de maturation lorsque le pH est acide (Sharma *et al.*, 2010). Et de surcroit lorsque le pH est neutre, il diminue la sécrétion des protéines de façon dose dépendante (Sharma *et al.*, 2008).

4.3.2.4 Interactions cellules/matrice/minéral

La plupart des changements causés par le fluor concernent les interactions cellules/matrice/minéral lors de la formation dentaire (DenBesten et Li, 2011). La figure 50 illustre très bien ce processus pour la triade améloblastes/amélogénine/émail.

La croissance des cristaux fluorotiques est affectée ce qui reflète des changements dans la nature et la distribution des sites en croissance ainsi que des modifications des interactions matrice/minéral (Kirkham *et al.*, 2001).

Lorsque le fluor est incorporé dans le minéral, il lie les protéines (ici l'amélogénine) et leur dégradation par les protéinases est retardée (figure 50B). Cela suggère que l'altération des interactions protéines/minéral est en partie responsable de la rétention des amélogénines ainsi que de l'hypominéralisation de l'émail fluorotique. De surcroit, le fluor permet également d'augmenter la précipitation minérale dans les dents en formation. Ceci résulte en la présence de bandes hyperminéralisées d'émail en alternance des bandes hypominéralisées. Ce phénomène est aussi appelé « double réponse » au fluor (Bronkers *et al.*, 2009) (figure 51).

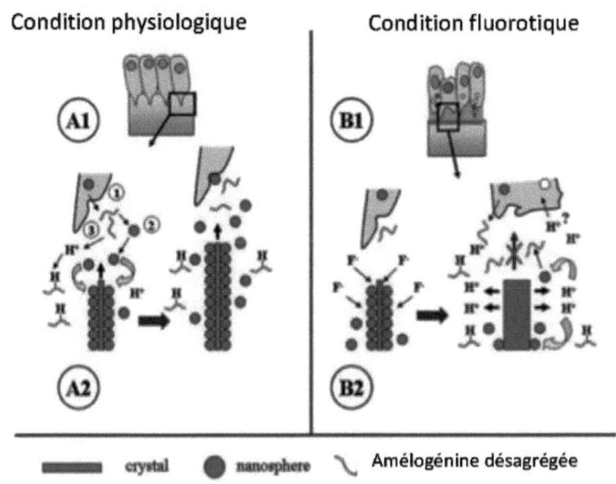

Figure 50 : Mécanisme explicatif de la fluorose dentaire (d'après Bronckers *et al.*, 2009). A. Début du stade de sécrétion de l'émail en conditions physiologiques (adapté de Fincham *et al.*, 1995). A1. Schéma d'améloblastes sécrétoires avec prolongements de Tomes. A2. Agrandissement au niveau moléculaire. B. Condition fluorotique avec perturbations du stade de sécrétion. B2. Agrandissement au niveau moléculaire.

A pH neutre, les amélogénines sont sécrétées et forment des nanosphères (figure 50A2.). Ces nanosphères adhèrent à la surface du cristal en croissance favorisant la croissance en longueur mais empêchant la croissance en largeur. La croissance cristalline génère des protons qui doivent être neutralisés afin de permettre la croissance d'autres cristaux. L'amélogénine lie et neutralise ces protons permettant ainsi la croissance en longueur des cristaux.

Dans les conditions fluorotiques, la croissance du cristal en épaisseur est accélérée et contribue à la formation de la ligne hyperminéralisée (premier évènement de la « double réponse ». Le dépôt accéléré de minéral augmente considérablement la production de protons qui ne peut être tamponnée par les amélogénines disponibles (figure 50B2). A pH acide, il n'y a pas de formation de nanosphères d'amélogénine par la matrice nouvellement synthétisée et celles déjà présentes se désagrègent et se détachent de la surface cristalline aboutissant à une perte du contrôle de la croissance en longueur des cristaux. Cette couche ainsi formée donne une ligne d'hypominéralisation. Ces changements au niveau matrice/minéral peuvent ensuite altérer la fonction des améloblastes (Bronkers *et al.,* 2009).

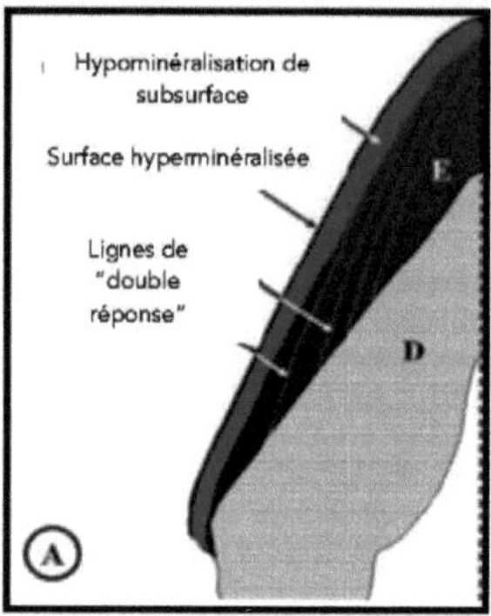

Figure 51 : « Double réponse » à une exposition chronique de fluor à faible dose (d'après Bronckers *et al.,* 2009 - modifié).

4.3.3 <u>Fluor, odontoblastes et dentine</u>

4.3.3.1 Etudes *in vitro*

<u>Fluor et apoptose :</u>
Le fluor a fortes concentrations (>4 mM) est cytotoxique pour les cellules pulpaires humaines en culture : il inhibe la croissance, la prolifération, l'activité mitochondriale et la synthèse protéique (Chang et Chou, 2001). Le traitement avec 5 mM (100 ppm) de NaF de cellules odontoblastiques en culture (MDPC-23) induit leur apoptose par activation de la voie de signalisation « mitogen-activated protein kinase » (MAPK) (Karube *et al.,* 2009). Le NaF induit aussi l'apoptose des odontoblastes *in vitro* via un mécanisme dépendant de la voie JNK (Li *et al.,* 2013) (figure 52).
Le NaF génère des effets cytotoxiques de façon dose- et temps dépendants. L'exposition des cellules d'odontoblastes OLC à 4 mM (80 ppm) de NaF induit l'activation de la caspase-3 et des altérations ultrastructurales des mitochondries. Cela indique que l'apoptose induite par le fluor se fait par une voie mitochondriale. De même, le traitement au fluor augmente la phosphorylation de JNK et ERK mais pas de p38. Enfin, l'apoptose induite par le fluor est notablement ou partiellement inhibée par des inhibiteurs de JNK ou ERK (Li *et al.,* 2013).

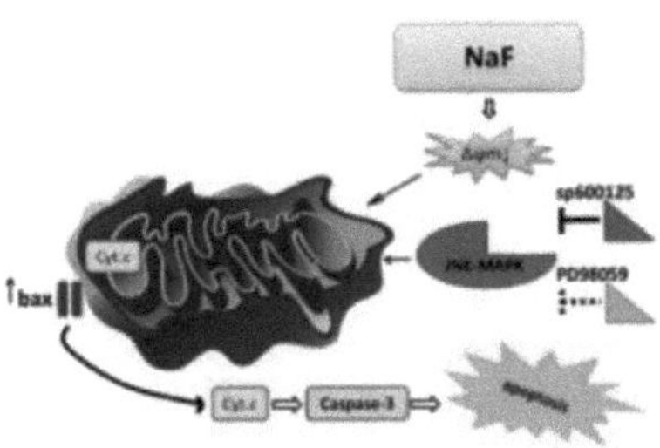

Figure 52 : Induction par le fluor de l'apoptose des odontoblastes via la voie JNK (d'après Li *et al.*, 2013).

<u>Fluor et MEC :</u>

Les modulations d'expression de protéines de la MEC dentinaire contribueraient au patron perturbé de la minéralisation de la dentine fluorotique (Fejerskov *et al.*, 1990; Moseley *et al.*, 2003). Des cellules pulpaires humaine traitées par des doses croissantes de fluor (de 1 à 25 ppm) ont montré une réduction de la croissance cellulaire à 25 ppm ainsi qu'une diminution de l'activité phosphatase alcaline (ALP) de façon dose dépendante. L'expression génique du collagène de type I ainsi que sa production sont également diminuées. Cependant, le fluor n'affecte pas l'expression génique et la production de la fibronectine ce qui montre que cet effecteur n'exerce pas une déplétion générale des protéines synthétisées mais une inhibition sélective de la production de collagène (Veron *et al.*, 2003). Le fluor a également la capacité d'inhiber l'activité de la caséine kinase II impliquée dans la phosphorylation de la DPP. Cet effet expliquerait la diminution de la phosphorylation de la DPP observée *in vivo* sur des échantillons de dentine fluorotique et en partie le patron de minéralisation altéré lors de la fluorose (Milan *et al.*, 2000).

Par ailleurs, le fluor a la capacité d'induire des modifications post traductionnelles de la structure des SLRPs, comme la décorine, le biglycan et le versican, synthétisés par le complexe dentino-pulpaire cultivé. Le fluor réduirait le nombre et la longueur des chaînes de GAGs mais aussi leur sulfatation (*in vitro* et *in vivo*) dans la pulpe et la prédentine (Smalley et Embery, 1980; Susheela *et al.*, 1988; Waddington *et al.*, 1993; Hall *et al.*, 1997; Waddington *et al.*, 2004).

4.3.3.2 Etudes *in vivo* : fluor et minéralisation

La dentine humaine fluorotique apparaît comme une dentine péritubulaire sclérotique hyperminéralisée avec un corps dentinaire parsemé de zones hypominéralisées. Les tubules dentinaires ont une distribution irrégulière avec une lumière étroite et discontinue en comparaison à la dentine physiologique (Rojas-Sanchez *et al.*, 2007).

Le fluor est capable de désorganiser la distribution de collagène de type I dans les odontoblastes et des fibrilles dans la prédentine et la dentine (Hao *et al.*, 2003). Des injections sous-cutanées horaires ou journalières de NaF causent des anomalies de minéralisation de la dentine caractérisées par la formation d'une couche hyperminéralisée contenant des cristaux denses avec en dessous, une couche hypominéralisée (Araki, 1989).

Le fluor induit des altérations de phosphorylation des phosphoprotéines de la dentine (DPP, DSP et DSPP). Ces phosphoprotéines jouent un rôle important dans la minéralisation et transmettent probablement l'altération de minéralisation observée dans la fluorose (Milan *et al.*, 1999). L'expression de la DSP et sa distribution sont également perturbés par le fluor (Maciejewska *et al.*, 2006).

La dentine de dents humaines atteintes de fluorose sévère montre une susceptibilité accrue à la carie du fait de l'élargissement de la taille de ses cristallites. Ces cristallites ne sont pas arrangées de façon homogène et les fibrilles de collagène sont distribuées anarchiquement (Waidyasekera *et al.*, 2010).

La comparaison des effets du fluor par administration aigue ou chronique montre que des injections uniques entrainent la production de zones hyperminéralisées suivies de zones hypominéralisées à la fois dans l'émail et la dentine aussi bien chez le rat que chez l'homme. A contrario, l'administration chronique produit une hypominéralisation de l'émail et une accentuation des lignes incrémentales (lignes de production cyclique) de la dentine chez les deux espèces.

4.3.4 <u>Fluor, ostéoblastes et os</u>

Les effets du fluor sur le squelette ont été observés par Roholm dès 1937. Le fluor exerce une action biphasique sur les ostéoblastes et sur l'architecture, la fonction et la minéralisation de l'os (Grynpas *et al.*, 1990; Caverzasio *et al.*, 1998 – pour revue). En effet, à faibles doses, le fluor a des effets anaboliques sur l'os mais, à hautes concentrations, il est toxique et cause des altérations de la minéralisation osseuse avec une réduction des propriétés mécaniques de l'os (Pak *et al.*, 1995 ; Mousny *et al.*, 2006). Les changements squelettiques et leur sévérité sont directement liés à la durée d'exposition au fluor. Néanmoins, la dose et la durée d'exposition au fluor ne sont pas les seuls facteurs affectant la qualité osseuse. Le facteur génétique est aussi à prendre en compte au niveau osseux dans la mesure où des populations humaines sont résistantes au fluor (Dequeker et Declerck, 1993) et d'autres y sont très sensibles (Russell, 1962 ; Butler *et al.*, 1985 ; Yoder *et al.*, 1998 ; Choubisa *et al.*, 2001). De même, différentes souches de souris présentent des susceptibilités variables après exposition à la même dose de fluor (variations au niveau de l'initiation et de la sévérité de la fluorose) (Everett *et al.*, 2002).

4.3.4.1 Etudes *in vitro*

<u>Action anabolique :</u>

La première observation que le fluor influence l'activité des cellules ostéoblastiques fut réalisée par Farley et al. en 1983. Ils ont montré que des doses micro-molaires de fluor augmentent la prolifération et l'activité ALP de cellules osseuses embryonnaires de poulet mais aussi que le fluor augmente la croissance et la minéralisation de ces cellules. Des observations similaires ont été rapportées sur des cellules humaines. De nombreux laboratoires ont travaillé sur les effets *in vitro* du fluor sur les cellules osseuses et il apparaît que les résultats soient difficilement reproductibles concernant l'action directe du fluor sur la prolifération des ostéoblastes en culture (Chavassieux *et al.,* 1993 ; Kopp et Robey, 1990). De surcroît, il a été suggéré que les précurseurs ostéoblastiques soient plus sensibles à l'action du fluor que les ostéoblastes matures (Kassem *et al.,* 1994).

Trois mécanismes ont été proposés pour l'activité mitogénique du fluor (Pak *et al.,* 1995):

- Le fluor diminue l'activité de la phosphatase acide au sein de cellules ostéoblastiques et induit une augmentation de la phosphorylation des protéines permettant la prolifération cellulaire (Lau *et al.,* 1989).
- Le fluor provoque une augmentation rapide du calcium cytosolique dans les ostéoblastes humains (Zerwekh *et al.,* 1990).
- Le fluor module l'activité des facteurs de croissance existants dans les ostéoblastes. Cette action mitogénique est accentuée en présence d' IGF-1, de calcitonine ou de PTH (Farley *et al.,* 1988). En addition à cet effet mitogénique, le fluor influence la différenciation des ostéoblastes et plusieurs études ont montré que le fluor augmente l'activité ALP dans les ostéoblastes (Bellows *et al.,* 1991; Kassem *et al.,* 1994; Khoker et Dandona, 1990) ainsi que la production d'ostéocalcine (Kassem *et al.,* 1994). L'augmentation de ces deux marqueurs de différenciation des cellules ostéoblastiques valide les effets observés *in vivo* d'augmentation de la formation osseuse chez les individus traités au fluor. Le fluor emprunte la voie canonique Wnt/ß-caténine afin d'induire la différenciation des ostéoblastes (Barron et Kneissel, 2013; Pan *et al.,* 2014).

Le fluor accélère le transport, sodium dépendant, des phosphates inorganiques (Pi) dans des cellules ostéoblastiques, ce qui contribue à la réponse mitogénique (Imai *et al.,* 1996).

En conclusion, la prise de fluor à de faibles doses aurait un rôle bénéfique dans le développement osseux, la densité minérale osseuse et pour la réparation des fractures chez l'humain (Yamaguchi, 2007).

Aussi, le fluor est utilisé en revêtement du titane des implants dentaires afin de créer une faible concentration locale au niveau osseux induisant une augmentation de la différenciation ostéoblastique et de la formation osseuse à l'interface implant/os concomitante à l'augmentation des marqueurs ostéogéniques au niveau du site implantaire (Cooper *et al.,* 2006 ; Monjo *et al.,* 2008).

<u>Fluor et apoptose :</u>

Un traitement au NaF de cellules osseuses MC3T3-E1 à faible doses (de 10^{-5}M à 10^{-3}M soit 1 à 20 ppm) a montré une induction de l'apoptose et un arrêt de ces cellules en phase S via un effet direct sur deux membres de la famille de Bcl-2 : Bcl-2 (anti-apoptotique) et Bax (pro-apoptotique) (Yang *et al.,* 2011).

4.3.4.2 Etudes *in vivo*

Le fluor, à faibles doses (10 à 20 ppm), stimule la prolifération des ostéoblastes et permet la croissance osseuse en augmentant l'absorption de calcium dans les os (Farley *et al.*, 1983 ; Yamaguchi, 2007). Cependant, des doses plus importantes de fluor (de 25 à 100 ppm) n'ont pas d'effet sur la microarchitecture de l'os mais augmentent la formation ostéoïde et diminuent la minéralisation. Ces résultats supportent la théorie que le fluor stimule l'activité ostéoblastique et retarde la minéralisation de l'os nouvellement formé (Grynpas, 1990; Grynpas et Rey, 1992; Mousny *et al.*, 2008). De plus, le fluor agit sur le réseau cristallin de l'os en augmentant la largeur des cristaux contribuant à la diminution des propriétés mécaniques de l'os (Mousny *et al.*, 2008).

Le fluor agit aussi sur les ostéoclastes. Il a une action inhibitrice de la fonction ostéoclastique à faibles doses (10 à 20 ppm) (Okuda *et al.*, 1990) alors qu'il induit l'ostéoclastogenèse au niveau de la surface osseuse trabéculaire à plus fortes (50 ppm) (Yan *et al.*, 2007).

Par ailleurs, l'excès de fluor affecte la liaison entre les phases minérales et organiques et/ou les protéines de la matrice osseuse. On retrouve une diminution de la synthèse du collagène de type I par les ostéoblastes de calvaria à 221 ppm (Miao *et al.*, 2002). Il a été rapporté une influence du NaF sur la structure des PGs synthétisés par les cellules osseuses (Waddington et Langley, 1998) et sur l'expression des MMPs (Waddington et Langley, 2003). De même, le fluor induit une altération des GAGs responsables des calcifications dans les fluoroses osseuses (Prince et Navia, 1983). Enfin, l'action anabolique du fluor au niveau des cellules osseuses est prédominante *in vitro* comme *in vivo* (Everett, 2011).

METABOLISME DU FER DANS LA PIGMENTATION DE L'EMAIL

1. Fonctions et rôles du fer

1.1 Généralités

Le fer est un oligo-élément indispensable à la vie. Sa fonction principale est de transporter l'oxygène via l'hémoglobine. Il intervient également comme cofacteur d'enzymes (métalloprotéinases, aconitase...) et il est connu pour son rôle important dans le traitement et la prévention de l'anémie (Lynch, 2005).

Le stock total en fer dans l'organisme adulte est d'environ 3 à 4 g. Un régime alimentaire équilibré apporte 10 à 20 mg de fer par jour sous deux formes : le fer héminique (viande) et le fer non héminique (végétaux et œufs). Seulement 10% de l'apport est réellement absorbé au niveau des entérocytes du duodénum et redistribué dans le sang. Les besoins quotidiens en fer sont de 1 mg pour un homme et de 2 mg pour une femme (Andrew, 1999). Après absorption, le fer est transporté dans le plasma, via la transferrine, et dirigé vers les sites d'utilisation ou de stockage qui présentent des récepteurs pour la transferrine. Le fer est en majeure partie utilisé par la moelle osseuse et le foie pour l'erythropoïèse (±70%), par les muscles pour produire la myoglobine (±6%), et en plus petite quantité pour le métabolisme enzymatique (±0,5%). Le fer est stocké dans le foie par les hépatocytes, et dans la rate et divers tissus par les macrophages qui produisent la ferritine et l'hémosidérine (±30%). Le métabolisme du fer s'effectue en "vase clos", puisque les entrées sont égales aux sorties.

1.2 Le fer : rôle biologique

Le fer est un élément crucial et indispensable au fonctionnement de toutes les cellules de l'organisme puisqu'il intervient dans de nombreux processus métaboliques cellulaires (McCord, 1998). Le rôle biologique du fer est lié à son potentiel d'oxydoréduction dont la valeur dépend des ligands qui l'entourent. Le fer peut alterner entre un état ferrique (Fe^{3+}) et un état ferreux (Fe^{2+}) en donnant ou en acceptant un électron : $Fe^{3+} + O^{2-} \rightarrow Fe^{2+} + O_2$.

1.3 La toxicité du fer

Les propriétés qui rendent le fer nécessaire à la vie peuvent aussi le rendre toxique. Un excès de « fer libre » peut produire des radicaux hydroxyles (OH^0), à partir de superoxyde (O_2^{0-}) et du peroxyde d'hydrogène (H_2O_2) (figure 53).

$$Fe^{3+} + O_2^{\cdot-} \rightarrow Fe^{2+} + O_2$$

$$Fe^{2+} + H_2O_2 \rightarrow Fe^{3+} + OH^- + OH^\circ \qquad \text{Réaction de Fenton}$$

$$\text{Réaction nette} \quad O_2^{\cdot-} + H_2O_2 \xrightarrow{Fe^{3+}} OH^- + OH^\circ + O_2 \qquad \text{Réaction de Haber-Weiss}$$

Figure 53 : Le fer ferreux catalyse la formation du radical hydroxyle par la réaction de Fenton. La réaction nette d'Haber-Weiss est aussi indiquée. Fe3+ : fer ferrique; Fe2+ : fer ferreux; O $^{\circ-}$: radical superoxyde; O_2 : dioxygène; H_2O_2 : péroxyde d'hydrogène; OH⁻: radical hydroxyde; OH°: radical hydroxyle (d'après Papanikolaou et Pantopoulos, 2005).

Ces espèces réactives à l'oxygène (ERO) sont des sous-produits inévitables de la respiration aérobie et de la réduction incomplète du dioxygène dans la mitochondrie. Elles peuvent aussi être générées pendant des réactions enzymatiques dans les autres compartiments subcellulaires comme le réticulum endoplasmique ou le cytoplasme et endommager les tissus en attaquant les membranes cellulaires, les protéines et l'ADN (Gutteridge et Halliwell, 1982). En conclusion, le "fer libre" joue un rôle crucial dans le stress oxydant, spécialement dans les cas d'excès de stockage de fer ou dans les cas de surproduction d'ERO. En situation physiologique, il y a un équilibre parfait entre la production d'ERO et les systèmes de défenses anti-oxydantes. Un stress oxydant se définira lorsqu'il y aura un déséquilibre profond entre anti-oxydants et pro-oxydants en faveur de ces derniers (Sies, 1991).

1.4 Métabolisme du fer : protéines de stockage, de transport, d'export et de régulation

1.4.1 Métabolisme général du fer dans les tissus

La cellule assure une régulation fine du transport du fer par des protéines de transport, de stockage et de régulation (figure 54). La majeure partie du transport du fer non héminique (non lié à la protoporphyrine formant l'hème des hématies) est assurée par la transferrine (Tf) (Baker et Morgan, 1994). A la surface des cellules, le fer sous forme Fe^{3+} lié à la Tf est capté par le récepteur de la Tf (RTf). Ce complexe est ensuite internalisé dans un endosome dont le pH acide conduit à sa dissociation (Sipe et Murphy, 1991). Le fer ainsi libéré peut passer dans le compartiment intracellulaire par le biais d'un transporteur de cation divalent (DMT-1). Le DMT-1 ("divalent metal transporter 1") qui lie le Fe^{2+} (Andrews, 1999), la Tf et son récepteur (RTf) sont alors recyclés (Hunt et Davis, 1992).

Après avoir pénétré dans la cellule, le fer est réparti dans trois compartiments différents : le pool de transit, le pool fonctionnel et le pool de stockage (Cadet *et al.*, 2005).

Le compartiment de transit est cytosolique, et constitue une plaque tournante à partir de laquelle le fer est adressé soit vers le pool fonctionnel, soit vers le pool de stockage. Ce pool de transit est un compartiment en équilibre entre le milieu intracellulaire et extracellulaire.

Le pool fonctionnel correspond à la quantité de fer nécessaire et suffisante pour assurer les différentes voies métaboliques indispensables à la survie propre des cellules.

Le pool de stockage est représenté principalement par le fer incorporé dans la ferritine (Harrison et Arosio, 1996), et, pour une moindre partie, par le fer incorporé à l'hémosidérine (pigment insoluble du corps humain contenant de l'hydroxyde ferrique).

Le fer est exporté de la cellule par la ferroportine sous la forme Fe^{2+} et est oxydé par des ferroxidases, telles que la céruloplasmine (Cp) et l'héphaestine (Heph), pour être à nouveau accepté par la Tf (Donovan *et al.*, 2000).

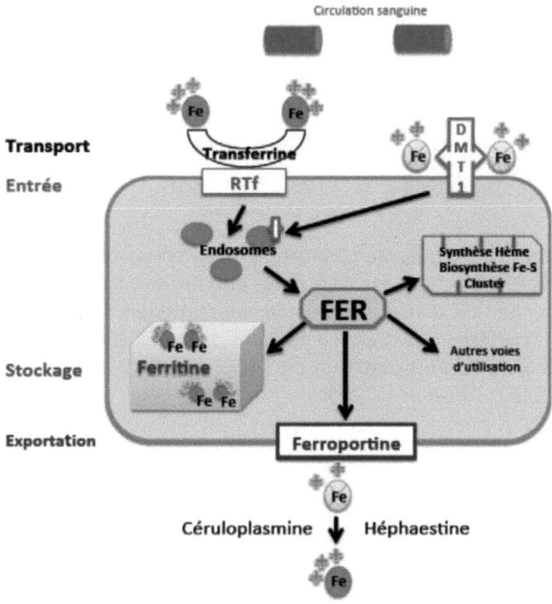

Figure 54 : Métabolisme général du fer dans les cellules capables de l'exporter.

Les protéines porteuses de fer interviennent comme ligne de défense anti-oxydante contre l'excès de Fe^{3+}. En chélatant l'atome de fer, elles le maintiennent sous forme inactive pour la formation d'ERO. Plusieurs protéines indispensables au métabolisme du fer, telles que la transferrine (Tf), la ferritine (Ft) ont cette capacité. La céruloplasmine (Cp) possède, quand à elle, la capacité de transformer la forme réactive du fer, le fer ferreux (Fe^{2+}), en une forme inactive, le fer ferrique (Fe^{3+}).

1.4.2 Entrée du fer dans la cellule

1.4.2.1 La transferrine (Tf)

Structure :

La Tf est une glycoprotéine composée d'une seule chaîne polypeptidique de 679 acides aminés, et d'un poids moléculaire d'environ 79 kDa (Parkkinen *et al.*, 2002). La molécule de Tf a une structure bilobée pouvant lier fortement mais réversiblement deux ions Fe^{3+} avec un anion carbonate (CO_3^{2-}) (Aisen *et al.*, 1978). Outre le fer, la Tf peut également fixer le cuivre (Cu^{2+}), le manganèse (Mn^{2+}), le zinc (Zn^{2+}) ou l'aluminium (Al^{3+}), mais avec une constante d'affinité plus faible (Sun *et al.*, 1999).

Fonction :

La Tf a pour rôle principal le transport du fer. La Tf joue un rôle essentiel dans la distribution du fer à travers l'organisme, mais permet aussi de le chélater et ainsi d'être un anti-oxydant.

1.4.2.2 Le récepteur de la transferrine (RTf)

Structure :

Le RTf est une glycoprotéine transmembranaire homodimérique formée de deux sous unités identiques de 95 kDa, reliés par deux ponts disulfures. Il contient trois domaines distincts par sous-unité : un domaine cytoplasmique, un domaine transmembranaire et un domaine carboxy-terminal extracellulaire qui est celui qui lie la Tf (Aisen, 2004). Il existe trois récepteurs différents dont l'un est soluble. Le RTf1 est celui qui a la plus grande affinité pour la Tf (West *et al.*, 2000).

Fonction :

Le RTf est indispensable à l'internalisation du fer lié à la Tf. Cette internalisation débute par la liaison de la Tf ferrique à son récepteur spécifique à la surface cellulaire. Les complexes transferrine-récepteur sont internalisés par endocytose suite à la formation de puits tapissés de clathrines qui s'invaginent pour former des vésicules d'endocytose (endosomes). La libération du fer lié à la Tf s'effectue à un pH d'environ 5,5. Le fer ainsi lié est alors soit utilisé par la cellule, soit emmagasiné par la ferritine. Au pH acide de l'endosome, l'apotransferrine (transferrine sans fer) a une forte affinité pour son récepteur. Les complexes apotransferrine-récepteur ne fusionnent pas avec les lysosomes et sont retournés à la surface cellulaire. Au pH physiologique (7,4) présent à la surface cellulaire, l'affinité de l'apotransferrine pour le récepteur est perdue. Elle se sépare donc de son récepteur et retourne dans le plasma (Morgan, 1983). Enfin, le RTf est produit lorsque [Fe] diminue : par régulation post-transcriptionnelle et donc le taux de son ARNm est augmenté lorsque la concentration ferrique est basse (figure 55).

1.4.2.3   Le DMT-1

Le DMT-1 (divalent Metal Transporter 1) est une protéine de 70 kDa formée de dix domaines transmembranaires capable de transporter le fer Fe^{2+} couplé à un proton. Il permet à la fois l'entrée du fer Fe^{2+} dans la cellule et la prise en charge du Fe^{2+} libéré par la transferrine et son récepteur dans l'environnement acide des endosomes. Le DMT-1 fonctionne de façon optimale à faible pH (pH= 5,5-6) (Andrew, 1999).

1.4.3   <u>Stockage du fer : la ferritine (Ft)</u>

La Ft est la principale protéine de stockage du fer dans les cellules. Elle stocke le fer sous sa forme non réactive Fe^{3+}. Il en existe trois types selon leur localisation cellulaire : la Ft cytosolique, Ft mitochondriale et la Ft nucléaire.

1.4.3.1   La ferritine cytosolique

<u>Structure :</u>
Chez les vertébrés, elle est exprimée dans tous les tissus. La Ft est un hétéropolymère de 445 kDa, composé de 24 sous-unités faites de deux chaînes polypeptidiques de structure distincte : une chaîne lourde (Heavy, H) et une chaîne légère (Light, L), qui forment une cavité interne où sont séquestrés 4 500 atomes de fer^{3+} (Harrison et Arosio, 1996). La HFt a une activité ferroxidase, qui converti le fer^{2+} en fer^{3+} pour le stocker dans la cavité (Lawson *et al.,* 1989). La chaîne L ne possède pas cette activité, mais elle permet la stabilisation de la structure et facilite l'entrée du fer dans la cavité (Arosio et Levi, 2002). Les deux chaînes H et L de la Ft sont codées par deux gènes différents, respectivement situés sur les chromosomes 11 et 19, chez l'homme (Worwood *et al.,* 1985). La chaîne H composée de 183 acides aminés et la chaîne L de 175 acides aminés, ont environ 50% d'homologie. Le rapport de chaînes H et L dans la Ft est variable et tissu-dépendant (la HFt est fortement exprimée dans le cœur alors que la LFt est prédominante dans le foie et la rate) (Arosio *et al.,* 1976).

<u>Fonctions :</u>
Toutes les Ft ont la propriété d'interagir rapidement avec un ion fer^{2+} présent dans une solution, en condition aérobie, et d'induire l'oxydation du fer et son agrégation dans la cavité. La chaîne H est essentielle au fonctionnement du complexe Ft. La délétion de la chaîne H chez la souris entraîne la mort de l'embryon entre 3,5 et 9,5 jours de gestation (Ferreira *et al.,* 2000). Sans la chaîne H, le complexe Ft n'est formé que de la chaîne L, sans activité ferroxydase et avec une faible capacité d'incorporation du fer. La Ft agit comme une protéine cytoprotectrice minimisant la formation d'EROs.

<u>Régulations :</u>
La régulation de la Ft par le fer est surtout post-transcriptionelle, par la fixation des protéines de régulation du fer (IRP) sur les éléments de réponse au fer (IRE) présents sur l'ARNm de la Ft (Casey *et al.,* 1988 ; Hentze *et al.,* 1987 ; Rouault *et al.,* 1988). En l'absence de fer, les IRPs (1 et 2) ont une haute affinité pour l'ARNm de la Ft et leurs interactions avec les motifs IREs répriment la traduction de l'ARNm de la Ft et la

synthèse de la Ft. L'augmentation du pool intracellulaire de fer s'accompagne d'un changement de conformation d'IRP1 et d'une dégradation d'IRP2, ce qui favorise la traduction de l'ARNm de la Ft (Walden *et al.*, 2006 ; Hentze et Kuhn, 1996). Et inversement la diminution du pool intracellulaire de fer empêche sa traduction. Le statut cellulaire en fer détermine l'interaction entre les IRPs et les IRE localisés respectivement dans les régions 5' et 3' non codantes des ARNm de la ferritine et du récepteur 1 de la transferrine (figure 55).

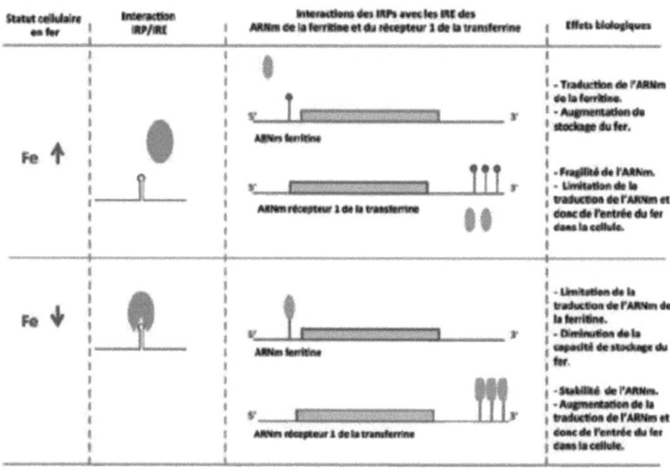

Figure 55 : Représentation schématique de la boucle de retro-contrôle régulant la quantité de fer. (d'après Loréal *et al.*, 2012). En rose, la zone codante des ARN.

Le système n'est pas seulement sensible au statut en fer, mais également à l'état oxydatif de la cellule. La traduction de la HFt peut être transitoirement réprimée par un traitement à l'H_2O_2 (Caltagirone *et al.*, 2001 ; Tsuji *et al.*, 2000).
Des cytokines inflammatoires, en particulier le TNF-α et l'interleukine 1 augmentent la synthèse de la Ft dans les cellules mésenchymateuses, les hépatocytes, les macrophages (Kwak *et al.*, 1995 ; Pham *et al.*, 2004 ; Torti *et al.*, 1988).

1.4.3.2 La ferritine mitochondriale (Ftmt)

Même si le fer cellulaire est principalement stocké dans le cytoplasme, la mitochondrie utilise la plus grande partie du fer métaboliquement actif. Néanmoins, on ne sait pas comment cet organite maintient l'homéostasie du fer et supprime sa toxicité.

Structure :
La Ftmt a 80% d'homologie de séquence en acides aminés avec la HFt (Langlois d'Estaintot *et al.*, 2004). Les éléments fonctionnels sont similaires à ceux de la HFt,

incluant l'activité ferroxidase et les sites de fixation des métaux. La Ftmt est fonctionnellement active dans l'incorporation du fer et même plus efficace que la HFt cytosolique (Corsi *et al.*, 2002).

Fonctions :

La Ftmt est largement exprimée dans les testicules, les autres tissus présentent une très faible expression. Elle est absente dans les hépatocytes, myocytes et les cellules de la rate (Levi et Arosio, 2004). La principale fonction de la Ftmt est de séquestrer le fer, comme pour la Ft cytosolique. Les mitochondries sont les sites de synthèse de l'hème et des clusters Fer/Soufre ; elles sont donc exposées à un fort trafic de fer (Corsi *et al.*, 2002 ; Lill et Kispal, 2000). La Ftmt séquestre le fer et rend difficile toute réactivité avec des EROs, ce qui protège la mitochondrie des dommages oxydatifs. Contrairement à la HFt cytosolique, le gène de la Ftmt ne possède pas d'IRE (Drysdale *et al.*, 2002 ; Levi *et al.*, 2001).

1.4.3.3   La ferritine nucléaire (nFt)

La ferritine nucléaire (nFt) est produite à partir du même ARNm que la Ft cytosolique (Surguladze *et al.*, 2005). Des changements du statut du fer intracellulaire ou des traitements au citrate d'ammonium ferrique, à des cytokines ou à H_2O_2 entraînent un changement de localisation de la Ft du cytosol au noyau. En réponse à ces stimulations, la ferritine est transloquée dans le noyau et lie l'ADN mais sans intéragir avec une séquence particulière. Cette association entre la nFt et l'ADN est un mécanisme de prévention des dommages oxydatifs liés au fer (Thompson *et al.*, 2002). Cette translocation dans le noyau ne met pas en jeu son activité ferroxidase mais est importante pour son activité anti-oxydante.

1.4.4   <u>Sortie du fer : ferroportine, céruloplasmine, hephaestine, hepcidine</u>

1.4.4.1   La ferroportine (Fpn)

Structure :

Chez la souris, la Fpn code pour une protéine de 570 acides aminés, de poids moléculaire 62 kDa. Elle comprend entre 9 ou 10 domaines transmembranaires suivant les modèles prédictifs (McKie *et al.*, 2001). Elle est très conservée chez l'homme, la souris et le rat, avec 90 % d'homologie (Abboud et Haile, 2000). Elle possède un signal de localisation adressant la protéine sur les membranes baso-latérales des cellules (McKie *et al.*, 2001 ; Segal et Abo, 1993).

Fonctions :

La Fpn est majoritairement exprimée dans le duodénum, le foie et la rate (McKie *et al.*, 2001 ; Abboud et Haile, 2000 ; Donovan *et al.*, 2000). La Fpn assure l'exportation du fer hors de la cellule (Le et Richardson, 2002). Elle est couplée soit à la céruloplasmine soit à l'héphaestine, qui par leur activité ferroxidase assurent la conversion du fer^{2+} en fer^{3+} qui pourra se lier à la Tf.

Régulation :

Ces régulations sont soit transcriptionelles, soit post-transcriptionelles, dépendant alors des IRPs. Les régulations modifient l'adressage membranaire et le recyclage de la protéine ou directement sa fonction d'export du fer. En condition de carence en fer, les IRPs se fixent sur les motifs IRE, et entraînent une répression de la traduction de l'ARNm (Kuhn et Hentze, 1992). La Fpn est régulée par l'Hepcidine (Hepc) au niveau post-traductionnel. L'Hepc se lie à la Fpn, ce qui entraîne son internalisation depuis la surface cellulaire et sa dégradation dans les lysosomes (Nemeth *et al.*, 2004). L'interaction Hepc-Fpn contrôle la libération du fer dans le plasma (Loréal *et al.*, 2012).

1.4.4.2   La céruloplasmine (Cp)

La Fpn exporte le Fe^{2+} de l'intérieur de la cellule vers l'extérieur. Pour être incorporé par la Tf, le fer doit être oxydé. La Fpn coopère avec deux protéines qui ont une activité ferroxidase qui permettent l'oxydation du fer^{2+} en fer^{3+} : la céruloplasmine et l'héphaestine.

Structure :
Le gène de la Cp humaine, de taille 65 Kb, est situé sur le chromosome 3 et code pour un peptide de 1046 acides aminés (Daimon *et al.*, 1995 ; Koschinsky *et al.*, 1987). La protéine monomérique fait 132 kDa, et est composée de 3 domaines de 42 à 45 kDa avec des homologies de séquences (Church *et al.*, 1984).
Fonction :
La Cp est exprimée majoritairement dans le foie et sécrétée dans le sérum par les hépatocytes (Aldred *et al.*, 1987). La Cp est très importante dans le métabolisme du fer, puisque c'est la principale protéine plasmatique qui catalyse l'oxydation du fer et est nécessaire à sa fixation sur la Tf. Le fer ferreux (Fe^{2+}) est exporté de la cellule par la ferroportine. Il est ensuite oxydé par la céruloplasmine sérique en fer ferrique (Fe^{3+}) qui est capté par la transferrine. Ainsi, la Cp peut faciliter la captation du fer par la cellule (Attieh *et al.*, 1999 ; Qian *et al.*, 2001) ou son relargage (Harris *et al.*, 1999; Sarkar *et al.*, 2003). La Cp peut également jouer le rôle d'anti-oxydant par sa capacité à contrôler efficacement le taux d'oxydation du fer^{2+}. En effet, en permettant d'oxyder le fer^{2+}, sans interagir avec l'H_2O_2 (à l'inverse de la réaction de Fenton), la Cp permet de prévenir de la formation d'EROs.
Régulations :
Des médiateurs de l'inflammation, comme le TNFα induisent l'expression de la Cp tant au niveau ARNm qu'au niveau protéine (Ehrenwald et Fox, 1996 ; Fleming *et al.*, 1991). Les macrophages /monocytes activés sont la principale source de Cp dans les sites inflammatoires. Aussi, le gène de la Cp possède des séquences de liaisons aux facteurs de l'hypoxie (HIF1).

1.4.4.3   L'héphaestine (Heph)

Dans l'intestin, où la Cp n'est pas exprimée, la Fpn est couplée à une autre ferroxidase, l'Héphaestine.

Structure et fonction :
L'héphaestine est homologue à 80 %, au niveau protéique et nucléotidique, entre l'homme, la souris et le rat. Sa masse moléculaire est de 127 kDa. L'Heph est à 50 % similaire à la Cp, et porte en plus, 86 acides en C-terminal. Contrairement à la Cp, l'Heph est liée à la membrane cytoplasmique mais possède une activité ferroxidase similaire. L'Heph est colocalisée avec la Fpn au niveau des membranes basolatérales des entérocytes intestinaux ce qui suggère un modèle associatif pour l'exportation du fer depuis ces cellules vers le plasma (Kuo *et al.*, 2004).

Régulations :
Les teneurs en fer et en cuivre dans l'intestin influencent l'expression de l'Heph. Généralement, dans des conditions de déficience en fer, l'ARNm de l'Heph est augmenté. Et est diminué lors d'une surcharge en fer (Frazer *et al.*, 2001; Chen *et al.*, 2003 ; Sakakibara et Aoyama, 2002). Cette régulation reflète un changement transcriptionnel puisque l'ARNm de l'Heph ne possède pas d'élément IRE.

1.4.4.4   L'hepcidine (Hepc)

Structure et fonction :
L'Hepc est principalement synthétisée par le foie (Park *et al.*, 2001) et éliminée rapidement dans les urines. Chez l'homme et le rat, un seul gène de l'Hepc a été identifié contre deux chez la souris. La forme biologiquement active et secrétée par le foie fait 25 acides aminés, avec une structure en "épingle à cheveux" et contenant 4 ponts disulfure qui lui confèrent une très grande stabilité structurale. L'Hepc joue un rôle majeur dans le contrôle de l'homéostasie du fer (Nicolas *et al.*, 2002). Une surcharge de fer, expérimentalement induite dans le foie, s'accompagne d'une augmentation de l'expression d'Hepc (Pigeon *et al.*, 2001). Une absence complète d'Hepc entraîne une accumulation progressive de fer, surtout au niveau des hépatocytes (Nicolas *et al.*, 2001).

Régulations :
L'excès de fer augmente le taux d'ARNm de l'Hepc dans les hépatocytes (Pigeon *et al.*, 2001), selon un mécanisme non encore élucidé. L'ARNm de l'Hepc ne contient pas d'élément IRE (Ganz et Nemeth, 2006) ce qui suppose qu'un autre senseur est nécessaire à la régulation de la traduction en réponse aux concentrations en fer.
Une autre voie de régulation de l'expression de l'Hepc a été mise en évidence au cours d'un processus inflammatoire. L'Hepc est aussi un peptide antimicrobien (HAMP) et il peut donc être régulé par des médiateurs de l'inflammation.

1.5   Maladies héréditaires impliquants les protéines du métabolisme du fer

1.5.1 <u>L'hémochromatose héréditaire (HH)</u>

C'est une maladie due à une absorption anormale du fer alimentaire au niveau du duodénum. Cette hyperabsorption, due à une anomalie génétique, entraîne une accumulation progressive de fer dans les tissus de l'organisme (Hémosidérose) plus ou moins importante suivant le gène en cause. Non traitée, l'hémochromatose évolue insidieusement, et risque de provoquer des atteintes graves (cirrhose, cancer du foie, insuffisance cardiaque...), susceptibles d'entraîner une mort prématurée. C'est la maladie génétique la plus répandue en France. Elle atteint 1 Français sur 300, soit 200 000 patients en France. Elle résulte de la mutation du gène codant HFE (Human hemochromatosis protein) et représente 85% des HH sachant que d'autres mutations de gènes codant HFE ou TfR2 ont été également décrites. Ces mutations sont responsables de la disparition de l'Hepcidine qui régule l'absorption du fer au niveau du tube digestif (Beaumont et Karim, 2013).
L'hémochromatose peut aussi être acquise (transfusionnelle) et à ce propos une étude a montré une augmentation de la concentration en fer dans les dents d'une jeune fille atteinte d'hémosidérose acquise par transfusions répétées suite à une anémie érythrocytaire (Landing *et al.,* 1957).

1.5.2 <u>Acéruloplasminémie</u>

L'acéruloplasminémie est une maladie autosomale récessive causée par des mutations sur le gène de la Cp, entraînant un défaut d'exportation du fer des cellules. La rétine, le cerveau et le pancréas sont surchargés en fer dont les conséquences cliniques sont une dégénérescence de la rétine, une démence et le développement d'un diabète (Yamaguchi *et al.*, 1998).

1.6 Complexation des ions fer

Chimiquement, en solution aqueuse, l'élément fer est présent sous deux formes ioniques principales, le Fe^{2+} : ion ferreux de couleur verte et le Fe^{3+} : ion ferrique de couleur orange. Il existe de nombreux complexes impliquant le fer se formant facilement en solution aqueuse par addition du ligand au bon pH.

1.6.1 <u>Fer et fluor</u>

Le fer (Fe^{3+}) se complexe avec le fluor. L'ion Fluorofer (III) FeF^{2+} fait virer une solution d'ion ferrique de couleur orangée en une solution incolore. La réduction du Fe^{3+} est retardée par la complexation avec le fluor (Steger, 1979).
En biologie de la dent, l'effet du fluor sur la distribution du fer, du calcium et du phosphore au sein de l'incisive de rat a été analysé par Berkovitz et Heap en 1976.

Aussi il a été montré que des rats traités avec 25 ppm de fluor *ad libitum* présentent un contenu en fer des incisives moindre par rapport à celles des rats contrôles (Pindborg *et al.*, 1946). La surface des incisives des rats traités présente une alternance de bandes claires et foncées de largeur d'environ 60 µm chacune. Il y a donc 3 à 4 paires de bandes formées chaque jour étant donné que l'attrition physiologique journalière est de 400 µm. Les bandes foncées riches en pigments colorés contiennent plus de Fe, de Ca et de P et sont plus resistantes à l'attaque acide (Saiani *et al.*, 2009) par rapport aux bandes claires pauvres en pigments jaune-orangés. Cependant, les bandes claires ne contiennent pas nécessairement plus de fluor que les bandes pigmentées.

1.6.2 <u>Fer et cyanure</u>

L'ion cyanure CN^- peut former un complexe soit avec Fe^{2+} pour donner l'ion hexacyanoferrate (II) : $Fe(CN)_6^{3-}$ de couleur jaune-vert, soit avec Fe^{3+} pour donner l'ion hexacyanoferrate (III) : $Fe(CN)_6^{2-}$ de couleur orange. Ces complexes permettent de préparer le bleu de Prusse, appelé aussi bleu de Berlin, utilisé comme réactif dans la coloration de Perl's. Cette coloration expérimentale met en évidence la présence de Fe^{3+} qui précipite sous forme de granules bleu-vert (ferrocyanure ferrique), et les structures cellulaires contenant du Fe^{3+} sont révélées : ferritine, hémosidérine, mitochondries surchargées en fer.

2. <u>Le fer et les protéines de son métabolisme dans la dent</u>

2.1 Effets du fer sur la phase minérale de la dent humaine et de rongeurs

Des études réalisées sur l'homme et sur les modèles animaux (rats et hamsters) ont démontré que les ions fer (Fe^{2+} et Fe^{3+}) ont des propriétés cariostatiques (Oppermann et Rölla, 1980 ; Rosalen *et al.*, 1996 ; Miguel *et al.*, 1997). Plusieurs études *in vitro* et *in situ* ont montré que Fe^{2+} réduit la déminéralisation de l'émail dans des conditions cariogène et érosive importantes (Pecharki *et al.*, 2005; Buzalaf *et al.*, 2006; Martinhon *et al.*, 2006; Kato *et al.*, 2007; Sales-Peres *et al.*, 2007; Kato *et al.*, 2009; Alves *et al.*, 2011). L'effet anti-carie du fer est dû au dépôt d'une couche de phosphate ferrique résistante à l'attaque acide (Torell, 1988). Cependant, Alves *et al.*, 2011 ont démontré que le fer (Fe^{2+}) n'est pas capable de reminéraliser les lésions carieuses artificielles. D'autre part, bien que la cristallinité de l'hydroxyapatite (HA) est réduite en présence de Fe^{3+} (Hidaka *et al.*, 1996 ; Guggenbuhl *et al.*, 2008), la précipitation de l'HA à partir de phosphate de calcium amorphe peut être stimulée par le Fe^{3+} mais pas par le Fe^{2+}. Par conséquent, l'effet du Fe^{2+} sur la structure de l'HA lors des processus de déminéralisation et reminéralisation n'est pas clair. En conclusion, le Fe^{2+} ne réduit pas la perte de calcium et ne prend la place du calcium dans le cristal mais il diminue le taux de phosphate et augmente le taux de carbonate dans le réseau cristallin. Lors des processus de déminéralisation et reminéralisation, le fer favorise la précipitation d'une HA plus soluble (Delbem *et al.*, 2012).

2.2   La pigmentation de l'émail de l'incisive de rat

Contrairement à l'émail humain, l'émail des incisives des rongeurs possède la caractéristique d'être recouverte d'une couche superficielle uniformément pigmentée et orangée. En 1911, Erdheim a observé que l'hypoparathyroidisme expérimental chez des rats cause une perte de pigmentation ainsi que l'apparence d'une surface de l'émail opaque de leurs incisives. Puis dans les années 1940-80, il y a eu un intérêt grandissant pour la pigmentation de l'incisive de rat et particulièrement dans des conditions entrainant une perte de pigmentation. Dans les années 1950, alors que le mécanisme de la pigmentation de l'incisive de rat n'est pas encore compris, des articles de Pindborg mentionnent clairement que la surface labiale jaune-orangée de l'émail des incisives de rat contient du fer inorganique (Pindborg, 1946, 1950). De nombreuses techniques ont été déployées afin d'identifier le fer que ce soit au niveau cellulaire ou au sein de la surface de l'émail. Elles incluent du marquage histochimique (Pindborg, 1946; Reith, 1959), des analyses par microsonde électronique (Boyde *et al.*, 1961 ; Halse, 1972), par microscope polarisé (Schmidt et Keil, 1971) et par microscopie électronique (Reith, 1961; Jessen, 1968; Kallenbach, 1970). Des analyses semi-quantitatives du fer des incisives de rat entières attribuent un pourcentage de   0,030 % de fer dans l'incisive maxillaire et de 0,027 % pour l'incisive mandibulaire (Pindborg, 1953). D'autres études ultérieures indiquent que la surface pigmentée de l'émail de l'incisive de rat contient environ 10 % en poids de fer (Boyde *et al.*, 1961 ; Halse, 1972, 1974, Halse et Selvig, 1974 ; Berkovitz et Heap, 1976). Ce taux augmente progressivement avec l'âge de l'animal (Addison et Appleton, 1915; Pindborg *et al.*, 1946; Schour et Massler, 1949; Lindemann, 1970; Halse, 1972). De plus, Halse en 1972 a trouvé que la moyenne du ratio Ca/P (en poids) dans la zone la plus riche en fer était de 1,8 au lieu des 1,98 habituellement rencontrés au niveau de l'émail de subsurface mais il n'a pas été montré si la présence de fer altère la nature du réseau cristallin de l'HA. Il a aussi suggéré que le fer devait être présent sous la forme d'oxyde de fer plutôt que sous forme de ferritine. La morphologie et la taille des particules contenant du fer, présentes dans la couche pigmentée, sont similaires à des particules amorphes d'oxyde de fer observées lors de l'hydrolyse des ions fer dans une solution acide. La présence du fer sous cette forme d'oxyde de fer amorphe serait certainement conforme avec la couleur observée de la surface de l'émail et aussi avec la stabilité chimique du fer dans ce tissu (Halse, 1972 ; Berkovitz et Heap, 1976).
Les résultats d'analyses élémentaires de mesures de pourcentage des éléments chimiques (Ca /P et Fe) suggèrent que le fer est ajouté à la surface de l'émail par adsorption aux surfaces cristallines (Selvig et Halse, 1975). Cela résulte en une importante augmentation de la densité de la surface de l'émail pigmentée (Heap *et al.*, 1983).

La coloration orangée apparaît au niveau du milieu de la convexité totale de la dent à environ 10-15 mm de la partie apicale (Stein et Boyle, 1959). Les pigments étant confinés dans la zone la plus externe de l'émail qui est résistante à l'attaque acide comparativement à l'émail sous-jacent non-pigmenté (3-4 heures versus quelques minutes pour l'émail non pigmenté). La couche riche en fer représente 10-15 µm au niveau de l'incisive maxillaire alors qu'elle est restreinte à 5-10 µm pour l'incisive mandibulaire (Heap *et al.*, 1983). Juste avant leur sécrétion dans l'émail, ces pigments se trouvent sous forme de granules dans l'organe de l'émail sus-jacent. Lors du dépôt de ces pigments dans l'émail, les granules disparaissent des améloblastes (Stein et Boyle, 1959). Selon des observations histologiques, ces granules sont présents au niveau des améloblastes ainsi qu'au sein des cellules du stratum intermedium (Stein et Boyle, 1959).

La jonction entre l'organe de l'émail et l'émail sous-jacent est instable et vulnérable ; il est difficile de préserver cette attache, surtout au niveau de la zone où la matrice de l'émail commence à être déposée, lors du retrait de l'os alvéolaire environnant. L'adhérence entre les améloblastes et l'émail augmente lorsque les pigments jaunes sont présents dans les améloblastes et est la plus grande juste avant que la coloration jaune n'atteigne l'émail proprement dit (Stein et Boyle, 1959). La formation de la couche pigmentée est due à une altération de la partie externe de l'émail et non pas due à l'addition d'une nouvelle couche. Autrement dit, il n'y a pas de différence d'épaisseur entre l'émail non pigmenté et l'émail pigmenté.

Reith en 1961 publie la première image en microscopie électronique d'améloblastes au stade de pigmentation et a montré que les pigments consistaient en des granules ferritine-like. Richter en 1957 fait le rapprochement entre les vésicules pigmentées des améloblastes avec les « sidérosomes » trouvés par exemple dans le foie ou le rein. Le cytoplasme des améloblastes se charge progressivement de granules pigmentaires à partir du stade de maturation jusqu'au stade de pigmentation (figure 56). Puis a lieu la libération des pigments des cellules vers la surface de l'émail (figures 56 et 57) pour aboutir à des améloblastes exempts de matériel granulaire lors du stade de la post-pigmentation. Enfin, les améloblastes se dédifférencient encore pour passer au stade de régression (améloblaste réduit) (Kallenbach, 1970 ; Muto, 2012).

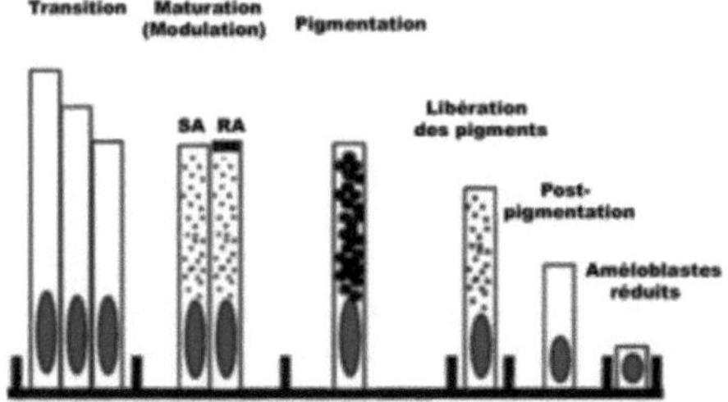

Figure 56 : Représentation schématique du stade de pigmentation et du devenir des granules pigmentaires (d'après Muto *et al.*, 2012 - modifié). SA : « Smooth ameloblasts », RA : « Ruffle ameloblasts ».

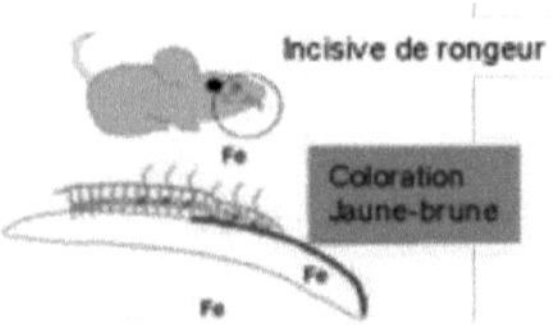

Figure 57 : Schéma illustrant l'incorporation du fer dans la couche superficielle de l'émail
(d'après Yanagawa *et al.*, 2004 - modifié).

Lors du stade de pigmentation, la ferritine est d'abord à l'état libre dans le cytoplasme puis est incorporée dans des vésicules. Cependant, le fait que les vésicules ne se retrouvent à aucun moment proche du pole apical des améloblastes (>8µm de la bordure apicale) suggèrent que la libération de ces vésicules n'est pas comparable à un phénomène de sécrétion. La ferritine serait extraite des vésicules par des modifications chimiques (digestion lysosomale) (Takano et Osawa, 1981) et le fer pourrait, de ce fait, pénétrer l'émail en unités trop petites pour être identifiées en microscopie électronique (Kallenbach, 1970). Le transfert final du fer dans l'émail serait fait avec du fer à l'état ionisé ou lié à une protéine de transport. Les améloblastes auraient donc une seconde phase de sécrétion (la première étant celles de la sécrétion des protéines de l'émail). De même, au stade de régression, les cellules de la couche papillaire peuvent encore contenir des granules libres de ferritine dans leur cytoplasme. Ce fait reflète une activité résiduelle de collection du fer continuant après le stade de pigmentation de l'émail (Muto *et al.*, 2012).

Une colocalisation du fer et de la phosphatase acide dans les vésicules contenant de la ferritine, au sein d'améloblastes au stade de pigmentation, suggère que la ferritine est digérée dans ces vésicules afin de permettre la libération du fer des cellules vers la surface de l'émail. Cependant, aucune corrélation entre l'activité enzymatique dans les vésicules et le transport du fer n'a été établie (Takano et Ozawa, 1981).

L'injection de colchicine dans les améloblastes de l'incisive de rat a révélé une accumulation des pigments riches en fer dans les cellules au stade de pigmentation et une diminution de ceux situés à la surface de l'émail, ce qui suggère que les microtubules régulent le transport et les processus de sécrétion du fer au sein des améloblastes de l'incisive de rat (Kubota *et al.*, 1987). Presque tous les améloblastes dans la zone de maturation tardive incorporent du fer radiomarqué exogène (Karim et Warshawski, 1984 ; Ogura *et al.*, 1984). Malgré toutes ces données, il n'y a pas eu d'études permettant l'élucidation du mécanisme exact de la sécrétion du fer depuis les améloblastes jusqu'à la surface de l'émail bien que des techniques d'autoradiographie utilisant le [55]Fe se sont montrées très utiles pour explorer le mécanisme de transport du fer et en particulier son processus de sécrétion (Kubota, 1985). Tous les résultats publiés montrent que la sécrétion du fer est réalisée par la digestion lysosomale de la ferritine dans les améloblastes (Karim et Warshawski, 1984 ; Takano et Osawa, 1981).

En plus de l'incisive, Bawden et al. en 1978 ont localisé, par des méthodes d'autoradiographie, le ^{59}Fe dans les améloblastes au niveau des molaires de jeunes rats qui ne sont pourtant pas orange posant la question de l'impact du fer dans la qualité de l'émail.

2.3   La ferritine (Ft)

Chez le rat, parmi plusieurs autres tissus (foie, cœur, rate), l'organe de l'émail montre la plus forte expression des chaînes lourde (HFt) et légère (LFt) de la ferritine (Miyazaki *et al.,* 1998). Les améloblastes expriment les ARNm de ces deux chaines aux stades de pré-sécrétion et sécrétion. Par contre, les protéines correspondantes ne sont localisées que dans les améloblastes de maturation. La traduction de la ferritine est donc probablement contrôlée par l'entrée du fer qui a lieu lors du stade de maturation (Miyazaki *et al.,* 1998).

Une autre étude menée chez la souris montre que l'ARNm de la chaîne lourde de la ferritine (HFt) est présente très majoritairement dans les améloblastes aux stades de transition et de début de maturation (Yanagawa *et al.,* 2004). La protéine HFt est localisée spécifiquement et de façon comparable au niveau de la couche papillaire et au niveau des améloblastes de transition et début de maturation uniquement (Yanagawa *et al.,* 2004). Cela suggère que la ferritine est synthétisée dans les améloblastes, qu'elle est ensuite transférée dans la couche papillaire afin de prendre en charge le fer provenant des vaisseaux sanguins et qu'elle le transfert dans les améloblastes (Mataki *et al.,* 1989).

L'expression de la HFt est régulée par le taux de fer, c'est pourquoi sa localisation peut être utilisée comme un indicateur sensible au dépôt de fer. Wen et Paine en 2013, ont mis en évidence la présence de fer dans les améloblastes d'une troisième molaire en éruption de rats âgés de 4 semaines en accord avec Bawden et al. 1978. Cela suggère que le fer joue un rôle important non seulement dans le développement des incisives mais aussi des molaires. Au sein des molaires en éruption, le fer serait davantage impliqué dans la production d'énergie requise au phénomène d'éruption ponctuel dans le temps qu'à l'aspect de couleur. D'autre part, les odontoblastes en phase active de synthèse de dentine produisent également de la Ft (Wen et Paine, 2013), le fer étant requis dans la synthèse de collagène (Pihlajaniemi *et al.,* 1991).

2.4   La transferrine (Tf) et son récepteur (RTf)

La présence de grandes quantités de ferritine cytoplasmique dans les améloblastes de maturation suggère que ces cellules reçoivent du fer à partir de Tf circulante. Une étude *in* vivo d'autoradiographie de la Tf a montré que les améloblastes à bordure plissée (RA) contiennent une haute densité de RTf en comparaison à ceux avec une bordure lisse (SA). Le fer est donc transporté vers les améloblastes de maturation par la Tf qui trouve très majoritairement son récepteur spécifique sur les RA. Le phénomène de modulation serait responsable de la perte de la plupart de ces RTf (McKee *et al.,* 1987). Une étude récente montre une augmentation de l'ARNm du RTf d'environ 60 fois lors du stade de maturation et une expression importante de la protéine au niveau des cellules de la couche papillaire ainsi que dans les améloblastes au stade de maturation (l'étude ne faisant pas de distinction entre les RAs et les SAs)

(Lacruz *et al.*, 2013). Les taux d'ARNm du RTf au niveau des molaires de rat ne montrent pas d'augmentation entre les stades de sécrétion et de maturation suggérant que l'amélogenèse des incisives des rongeurs diffère de celle des molaires au niveau des profils d'expression génique ainsi que de la prise en charge du fer et de son transport (la pigmentation de l'émail étant un processus caractéristique des incisives de rongeurs).

2.5 Les facteurs induisant une perturbation de la pigmentation de l'émail de l'incisive de rat

2.5.1 Les facteurs acquis

Il y a eu de nombreuses études sur la perturbation de la pigmentation de l'émail des murins due à des déficiences nutritionnelles, des perturbations hormonales ainsi qu'à des intoxications par de multiples substances (Pindborg, 1947 ; Torell, 1955) (tableau 16). Par ailleurs, il a été montré que la destruction chirurgicale de l'organe de l'émail au niveau du tiers proximal de l'incisive résulte en l'apparition de spot d'émail décoloré (Stein et Boyle, 1959). Dans la littérature, le terme de dépigmentation est souvent rencontré et indique l'élimination des pigments de la dent. Ce processus ne concerne en fait qu'une minorité des conditions pathologiques. Lorsqu'aucun pigment n'est déposé, le terme « absence de pigmentation » est plus approprié. L'absence de pigmentation peut être associée ou non à des défauts de structure de l'émail.

Absence de pigmentation associée à une structure amélaire normale		Absence de pigmentation associée à des défauts de structure de l'émail	
a) Déficience en fer		a) Perturbations hormonales	
			Para thyroïdectomie
	Alimentation pauvre en fer (anémie)	b) Déficits nutritionnels	
	Elimination du fer provenant de l'organisme		Tryptophane
			Calcium et phosphore
	Perturbations de la résorption du fer		Magnésium
		Complexation du fer	Vitamine A
		Gastrectomie	Vitamine B
		Intoxication au cadmium	Vitamine D
b) Déficience en vitamine E		c) Intoxications	
			Fluor
			Strontium
c) Eruption accélérée			

Tableau 16 : Classification des conditions entrainant une absence de pigmentation chez le rat (d'après Pindborg, 1953 - modifié).

Leaver en 1966 a observé qu'un régime riche en fer n'avait aucun effet sur la contenance en fer de l'émail mais cependant l'excès de fer apparaissait dans l'os et la dentine subodorant que l'émail normal de rongeur est un émail déjà saturé en pigment de fer.

2.5.2 Les causes génétiques

2.5.2.1 Slc20a1 (Pit1)

Des rats transgéniques sur-exprimant le transporteur de phosphate inorganique sodium-dépendant de type III (NaPi-III) appelé Slc20a1 ou Pit1 présentent des incisives blanches et opaques avec une absence de coloration jaune-orangée de la surface de l'émail associées à des défauts de la structure de l'émail impliquant une hypominéralisation, un retard de minéralisation, une attrition anormale et des fractures du bord libre de l'incisive (l'atteinte étant la plus grave au niveau des incisives mandibulaires). Le phosphate inorganique est requis dans de nombreux processus biologiques dont le développement du squelette et la minéralisation des dents. Pit1 et Pit2 sont des transporteurs de phosphate inorganique ubiquitaires.

En addition à ces observations macroscopiques des incisives, les analyses histologiques des améloblastes de maturation de ces rats Slc20a1-Tg montrent :
1. une désorganisation de la couche cellulaire des améloblastes ;
2. une altération de la distribution du fer au niveau des améloblastes au stade de maturation tardive (mis en évidence par une diminution de l'intensité de la coloration de Perl's) ;
3. une distribution altérée de l'améloblastine ;
4. et l'apparition de lésions kystiques ou de structures multicouches d'améloblastes s'aggravant aves l'âge de l'animal.

Ces résultats suggèrent que la formation de l'émail, comme celle de l'os, est sensible aux déséquilibres de la fonction de Pit1, elle-même sous le contrôle de l'homéostasie systémique du phosphate inorganique (Yoshioka *et al.*, 2011).

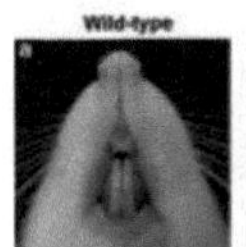
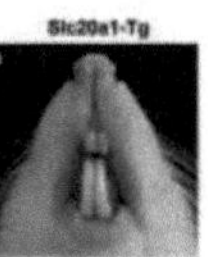

Figure 58 : A. Photographie des incisives des rats âgés de 8 mois contrôles. B. Les incisives des rats Slc20a1-Tg sont blanches, opaques et usées (d'après Yoshioka et al., 2011).

2.5.2.2 Nrf2

Des souris invalidées à l'état homozygote pour le gène Nrf2, facteur de transcription impliqué dans la régulation de nombreux gènes cyto-protecteurs en réponse aux stress oxydatifs et xénobiotiques, présentent une décoloration des incisives due à une réduction et à des perturbations de la capacité de l'organe de l'émail à transporter le fer des vaisseaux sanguins vers les améloblastes mais sans défauts amélaires. Les améloblastes en fin de maturation accumulent le fer dans le cytoplasme. Ils sont atrophiés, prennent un aspect dégénératif et sont marqués à la coloration de Perl's certainement à cause de l'augmentation du stress oxydatif. Des dépôts globulaires anarchiques de pigments ferriques sont également présents dans le stratum intermedium. La capacité réduite de l'organe de l'émail des souris Nrf2-/- à transporter le fer des améloblastes vers la surface de l'émail résulte en une perturbation et/ou une absence de dépôt de fer sur la surface de l'émail. Le contenu en fer de l'émail des incisives des souris invalidées est de 1/10 en poids par rapport aux contrôles (Yanagawa *et al.*, 2004).

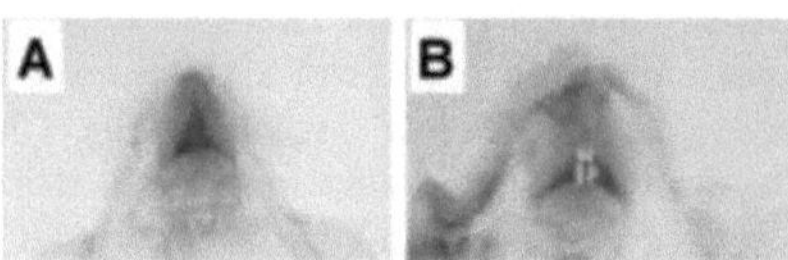

Figure 59 : A. Photographie des incisives de couleur jaune-orange de souris contrôles. B. Les incisives des souris Nrf2 (-/-) sont blanche-opaques (d'après Yanagawa *et al.*, 2004).

2.5.2.3 CD61 ou intégrine ß3

Le CD61 aussi appelé intégrine ß3, est une protéine de la surface cellulaire liant de nombreuses matrices extracellulaires.
Il a été montré que des souris invalidées à l'état homozygote pour le gène CD61 présentent des incisives blanches opaques qui ne sont pas pigmentées mais sans défaut de structure de l'émail. Bien que les améloblastes se différencient et forment de l'émail normalement, l'accumulation de fer observée dans les améloblastes à la fin du stade de maturation n'est pas retrouvée chez ces souris. Les résultats de cette étude suggèrent que le CD61 régule l'expression de deux gènes impliqués dans le transport du fer dans les tissus épithéliaux : Slc11a2 (DMT-1) et Slc40a1 (ferroportine). Et que l'anémie et la réduction des protéines du transport du fer sont la cause de l'absence de pigmentation chez les souris CD61 -/- (Yoshida *et al.*, 2012).

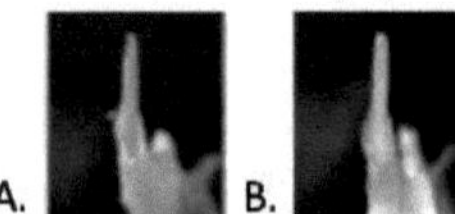

Figure 60 : A. Incisive de souris contrôle qui présente une coloration jaune-orangée. D. Incisive de souris CD61-/- qui est décolorée et de couleur blanche claire (d'après Yoshida *et al.*, 2012).

2.5.2.4 Nectine-1

La nectine-1 est une molécule d'adhésion cellulaire de type « immunoglobuline-like », qui fait partie des composants des jonctions adhérentes et est codée par le gène *PVRL1*. Les souris invalidées à l'état homozygote pour la nectine-1 montrent des défauts de la formation de l'émail au niveau de leurs incisives caractérisés par une hypominéralisation mais sans perturbations des protéines de la matrice de l'émail. La nectine-1 est localisée à l'interface entre les améloblastes de maturation et le stratum intermedium. Chez les souris nectine-1 -/-, il y a également une altération en taille et en nombre des hémidesmosomes et souvent l'apparition d'une séparation entre ces deux strates cellulaires. De plus, une diminution de la pigmentation en fer, une fragilité et une usure associées à l'hypominéralisation caractérisent ces incisives. Les ions ferriques mis en évidence par la coloration de Perl's sont répartis anarchiquement dans la strate la plus distale de la couche papillaire et la coloration n'est pratiquement pas présente dans les améloblastes en fin de maturation qui sont d'ailleurs de forme cubique inhabituelle à ce stade (Barron *et al.*, 2008).

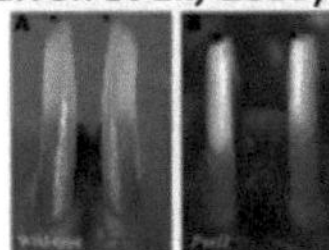

Figure 61 : A. En comparaison aux incisives de souris contrôles (A) qui sont de couleur jaune-orangée, les incisives des souris *PVRL1 (-/-)* (B) sont blanches, crayeuses et montrent souvent une attrition accentuée et/ou des fractures de leurs bords libres (flèches) (d'après Barron *et al.*, 2008).

2.5.2.5 Wct (whitish chalk-like teeth)

Il a été rapporté que des rats Sprague Dawley peuvent présenter une mutation autosomale-récessive à l'état homozygote du gène wct (*wct/wct*). Leurs incisives de couleur blanche sont crayeuses et présentent des défauts d'émail similaires à ceux de l'amélogenèse imparfaite chez l'homme (Masuyama *et al.*, 2005). La mutation *wct* perturbe la transition morphologique des améloblastes entre les stades de sécrétion et de maturation et résulte en la formation d'un kyste odontogène. Cette mutation provoque aussi une perturbation du transfert du fer à partir des vésicules contenant de la ferritine, des améloblastes vers la matrice de l'émail. La mutation empêche donc le transport du minéral et du fer via l'absence d'améloblastes de maturation fonctionnels, induisant une hypominéralisation de l'émail sans perturber la synthèse des protéines de l'émail (Osawa *et al.*, 2007).

Figure 62 : Les incisives de souris (+/*wct*) (A) sont jaune-orangées alors que les incisives des souris (*wct/wct*) (B) sont blanches, opaques et crayeuses (d'après Masuyama *et al.*, 2005).

2.5.2.6 SP6 (Specificity Protein 6) ou Epiprofine (Epfn)

SP6 est un facteur de transcription appartenant à la famille des SP/KLF (specificity protein/Krüppel-like factor) et qui joue un rôle important dans le développement dentaire, l'organogenèse des bourgeons de membres, des follicules pileux et des poumons. SP6 a la capacité de réguler le métabolisme du fer en contrôlant les gènes impliqués dans son absorption (Collins, 2006).

Le rôle de SP6 dans l'amélogenèse de l'incisive de rat a été étudié en générant des rats transgéniques SP6 Tg (Muto *et al.*, 2012). Les surfaces de l'émail des rats SP6 Tg sont décolorées bien que la formation de l'émail et les concentrations sériques de fer soient normales. Cependant, la différenciation des améloblastes au stade de maturation tardive et le métabolisme du fer sont perturbés (arrêt au stade de pigmentation) indiquant que le contrôle spatio-temporel de l'expression du gène SP6 est crucial pour ces deux évènements de l'amélogenèse. Autrement dit, l'expression ectopique de SP6 conduit les améloblastes à rester chargés en fer et ne pas libérer leur contenu en fer et donc ne pas pigmenter la surface de l'émail. De plus, Matak et al. en 2011, ont proposé que d'autres membres de la famille de SP6 sont également impliqués dans la réponse génétique induisant une augmentation de l'absorption du fer probablement par coopération avec un autre régulateur de l'absorption du fer nouvellement identifié : « l'hypoxia inducible factor 2 alpha » (HIF-2α).

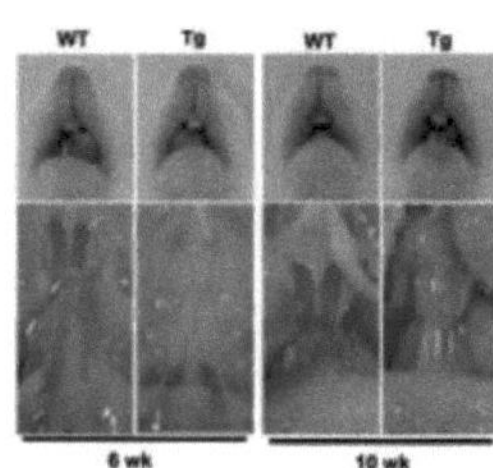

Figure 63 : Photographies des incisives de rats contrôles (WT) et SP6 Tg à 6 et 10 semaines. Décoloration des incisives des rats SP6 Tg (d'après Muto *et al.*, 2012).

OBJECTIFS DE LA THESE

La dent constitue un marqueur d'exposition aux perturbations environnementales pendant le développement anténatal et les premières années post-natales car elle intègre de façon irréversible les anomalies de fonctionnement des cellules formatrices (Alaluusua *et al.*, 2002) et accumule les polluants auxquels est confronté l'organisme (Aubail *et al.*, 2012). Ces stigmates cliniques dans l'émail permettent de définir rétrospectivement la chronologie d'exposition des cellules dentaires à un agent toxique. La répartition topographique des anomalies de l'émail reflète l'historique des altérations de formation, de biominéralisation et de coloration. Parmi les multiples agents impactant l'émail, le fluor en est un caractéristique et décrit depuis longtemps (Dean, 1956 ; Møller, 1982 ; McKay, 1952 ; Thylstrup *et al.*, 1978). En effet, l'excès de fluor conduit à la fluorose dentaire diagnostiquée par des taches blanches à brunes présentes sur les dents dès leur éruption. Malgré les nombreuses études et résultats approchant les effets et les cibles du fluor, son mécanisme d'action demeure largement inconnu.

Ce travail de thèse est basé sur des données obtenues dans le laboratoire lors de mon master 1 et master 2, par une approche transcriptomique réalisée sur une lignée de cellules odontoblastiques (MO6-G3). Ces données ont permis de mettre en évidence un nouvel effet additionnel du fluor qui agirait sur les odontoblastes en modulant l'expression de certains gènes cibles. Cette première étude a donné lieu à une publication originale internationale que j'ai co-signée en 2ème position (Wurtz *et al.*, 2008).

Le premier objectif de ma thèse était de déterminer les effets du fluor *in vivo*. Compte-tenu des modulations géniques observées *in vitro,* le gène de l'asporine codant pour une protéine extracellulaire impliquée dans les processus de minéralisation a retenu toute notre attention. J'ai étudié la localisation de l'asporine *in vivo* dans l'incisive de rat ainsi que ses modulations d'expression, suite à l'exposition chronique au NaF à différentes concentrations, dans les deux principaux tissus durs de la dent : l'émail (et les améloblastes) et la dentine (odontoblastes). Ces analyses ont également été menées *in vitro* sur des modèles de cellules améloblastiques (HAT-7) et odontoblastiques (705IH8).

Nous avons micro-disséqué les différents tissus dentaires de l'incisive mandibulaire (l'épithélium contenant les améloblastes et le mésenchyme contenant les odontoblastes) pour des analyses quantitatives de biologie moléculaire et avons préparé des hémi-mandibules dans différents milieux d'inclusion (paraffine, cryogel, résines Epon ou LR White) dans le but d'analyses qualitatives histologiques par microscopie photonique classique mais aussi par microscopie électronique à transmission (MET).

Enfin, les techniques de biologie moléculaire nous ont permis de quantifier les modulations dues au fluor sur l'expression de l'asporine (ARNm et protéine) en lien avec la minéralisation.

Le second objectif était d'analyser l'impact du fluor sur la couleur des dents. En effet, l'exposition au fluor conduit à l'apparition de taches opaques blanches (formes légères) à brunes (formes sévères) dans les fluoroses dentaires. Le modèle d'incisive de rongeurs se prêtait parfaitement à cette étude. Pour cela, en plus du modèle du rat, nous avons disposé d'un modèle de souris délétées pour un allèle de la chaîne lourde de la ferritine (HFt), élément clé du stockage du fer dans les cellules. En effet, des données anciennes de la littérature suggéraient l'importance du fer dans la coloration de l'émail (Pindborg, 1946, 1950 ; Boyde *et al.,* 1961 ; Halse, 1972, 1974, Halse et Selvig, 1974 ; Berkovitz et Heap, 1976 ; McKee *et al.,* 1987). Pour ce faire, nous avons analysé l'accumulation du fer dans l'épithélium dentaire dans les différentes conditions. Nous avons suivi une approche histologique avec une coloration spécifique du fer, la coloration de Perl's et utilisé la technique d'imagerie SIMS. En parallèle, des analyses quantitatives de RT-qPCR ont été menées afin de mettre en évidence les cibles impactées par l'administration chronique de fluor.

RÉSULTATS

1. Introduction sur les gènes cibles du fluor

1.1 Résumé du premier article : "Fluoride at non toxic-dose affects odontoblast gene-expression *in vitro*" (Wurtz T., Houari S., Mauro N., MacDougall M., Peters H., Berdal A., Toxicology, 2008, 249(1) ,26-34.)

La question posée était de savoir si la manifestation des fluoroses dentaires serait due à un effet du fluor sur l'expression de certains gènes exprimés par les cellules qui forment les tissus dentaires.

Dans notre première étude réalisée sur les cellules odontoblastiques MO6-G3. Nous avons montré que le fluor à des doses non toxiques (≤1 mM), peut provoquer des changements de leur patron d'expression génique sans induire de stress ni d'apoptose. Dans ce cas, la toxicité du fluor ne s'exprime pas au niveau cellulaire mais peut se manifester au niveau tissulaire par les plages de discolorations de l'émail dentaire. A forte dose (3 mM), le fluor est toxique pour ces cellules et conduit à leur mort. Nous avons identifié, par analyse transcriptomique des variations fluoro-sensibles des taux d'ARN codant des protéines impliquées dans la formation tissulaire. Ces résultats ont été confirmés par RT-PCR. Certaines cibles comme l'asporine, le récepteur au TNF 9, la fibromoduline et la périostine étaient diminuées alors que d'autres comme la chémokine CCL-5 étaient augmentées par le NaF.

1.2 Impact du fluorure de sodium (NaF) sur l'expression tissulaire de CCL-5

La « Chemokine (C-C motif) ligand 5 » CCL-5 (aussi appelé RANTES) est non seulement un élément de signalisation cellulaire, mais aussi une chémokine impliquée dans de nombreux processus d'inflammation chronique et auto-immuns de par son rôle de molécule pro-inflammatoire chémoattractante des cellules immunitaires.

1.2.1 Dans les améloblastes

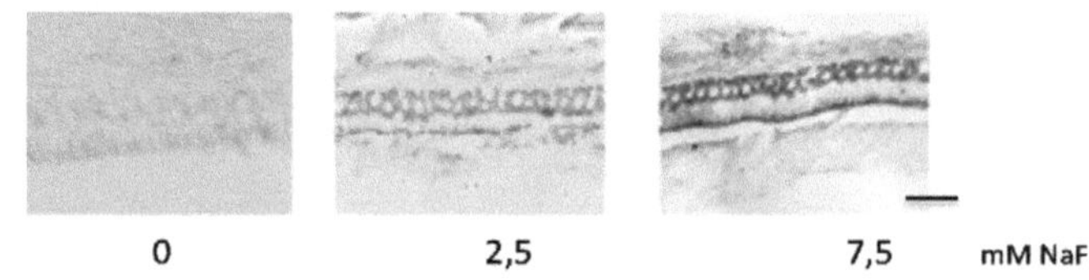

Figure 64 : Modulation de l'expression de l'ARNm CCL-5 dans les améloblastes d'incisive de rat, suivant les concentrations de fluorure de sodium. Echelle 100 µm.

1.2.2 <u>Dans les odontoblastes</u>

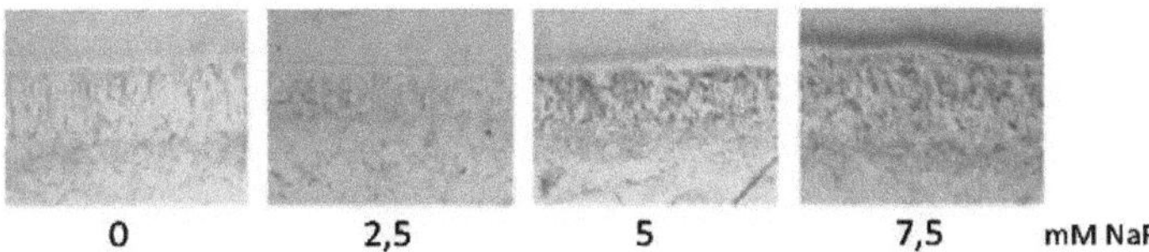

Figure 65 : Modulation de l'expression de CCL-5 dans les odontoblastes d'incisive de rat,
suivant les concentrations de fluorure de sodium.

L'Hybridation *in situ* avec la sonde ARN anti-sens du facteur de signalisation CCL-5
révèle une augmentation progressive de façon dose dépendante au NaF de la synthèse
de l'ARNm   CCL-5 spécifiquement dans les cellules de la couche papillaire ainsi qu'au
niveau du pôle apical des améloblastes.
Ce résultat *in vivo* confirme celui obtenu par RT-PCR pour cette cible dans notre étude
in vitro.

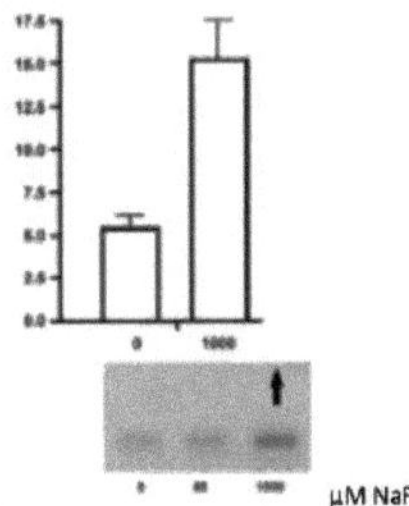

Figure 66 : Augmentation de l'ARNm CCL-5 après traitement des cellules à 1000 µm de NaF
(d'après Wurtz *et al.*, 2008).

Nous avons observé que le fluor augmente de façon dose dépendante le taux de
l'ARNm de la chémokine CCL-5 dans la couche papillaire et les améloblastes de
maturation.
Les améloblastes et les odontoblastes recruteraient plus de molécules pro-
inflammatoires signant ainsi un besoin de défense.

1.3 Impact du fluorure de sodium (NaF) sur le système IGF

L'étude de l'impact du fluor sur le système IGF est également intéressante. En effet,
plusieurs études publiées dans les années 90 ont montré une relation entre la
diminution du récepteur IGF et l'apoptose des améloblastes, au cours de la phase de
transition (Joseph *et al.*, 1994) et à la fin de la phase de maturation précédent
l'éruption (Joseph *et al.*, 1999).

Le système IGF est constitué de 2 facteurs de croissance (IGF-1 et IGF-2), d'un récepteur transmettant leurs effets au niveau intracellulaire (R-IGF-1) et de 6 protéines de liaison modulant leurs effets (IGFBP-1 à -6). Bien que les effets des IGFs et du R-IGF-1 ont été décrits au cours de l'amélogenèse, ceux des IGFBPs ont seulement été ponctuellement évoqués (Catón *et al.*, 2007).

Nous montrons ici que le NaF ne modifie pas l'expression des IGF-1 et -2 dans l'épithélium (figure 67A) mais la diminue dans le mésenchyme (figure 67B). Nous montrons aussi un effet important du NaF sur l'IGFBP-2 dans la mesure où il diminue de moitié son expression dans l'épithélium et qu'il l'augmente en moyenne de 6 fois dans le mésenchyme.

Enfin, nous montrons également que dans la condition contrôle (non traitée au NaF) l'IGFBP-2 est essentiellement épithéliale (rapport E/M >1) alors que les IGFs sont sécrétés par le mésenchyme (figure 67C)

NB : Les expériences de RT-qPCR n'ont été réalisées qu'en duplicata et demandent à être reproduites. Elles constituent néanmoins une base de travail intéressante pour la poursuite d'un projet de recherche. Il n'a donc pas été possible de réaliser de test statistique au moment de l'écriture de ce manuscrit.

A. Epithélium

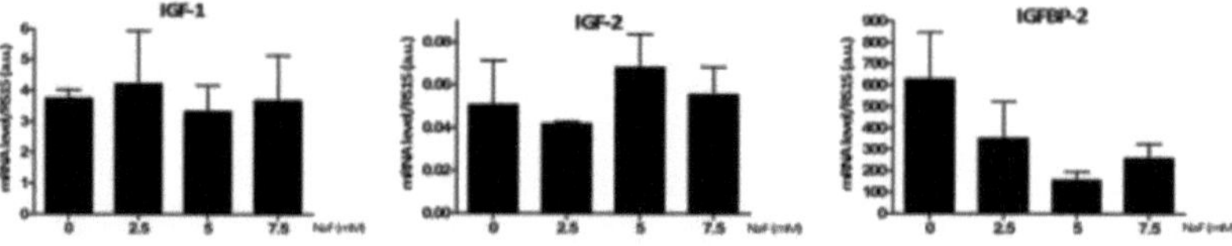

B. Mésenchyme

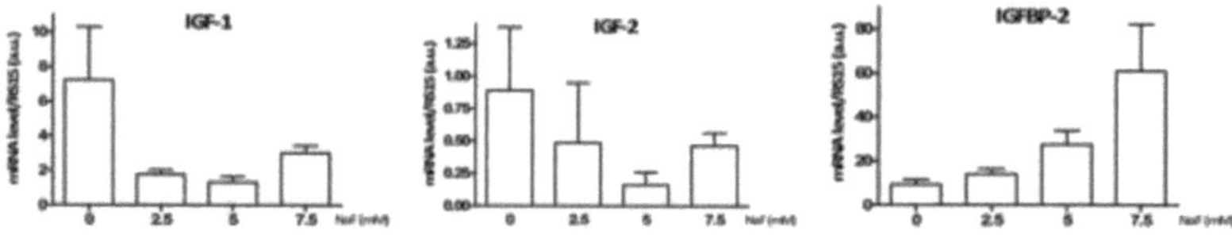

C. Rapports E/M

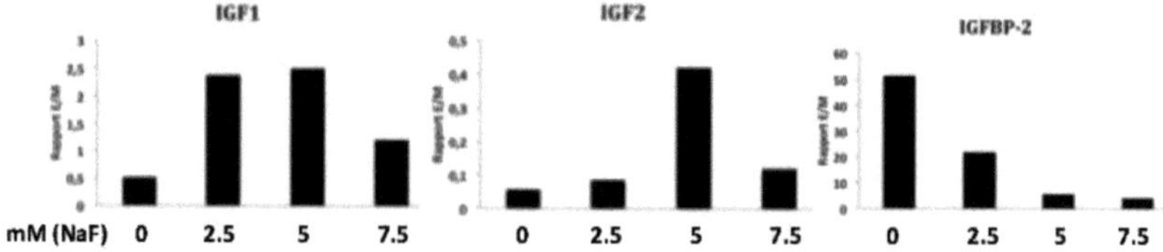

Figure 67 : A. Modulations d'expression des IGF-1, IGF-2 et IGFBP-2 dans l'épithélium suivant les concentrations de NaF. B. Modulations d'expression des IGF-1, de l'IGF-2 et de l'IGFBP-2

dans le mésenchyme suivant les concentrations de NaF. C. Rapports des données Epithélium (E) / Mésenchyme (M) des niveaux d'expression des ARNm IGF-1, IGF-2 et IGFBP-2.

Dans la même optique, étant donné l'expression importante de l'IGFBP-2 dans l'épithélium par rapport au mésenchyme, nous avons réalisé une hybridation *in situ* dans les deux tissus. La figure 68 montre clairement que l'IGFBP-2 est exprimé principalement par les améloblastes au stade de sécrétion. Nous confirmons l'expression relativement faible dans le mésenchyme (odontoblastes) par rapport à l'épithélium.

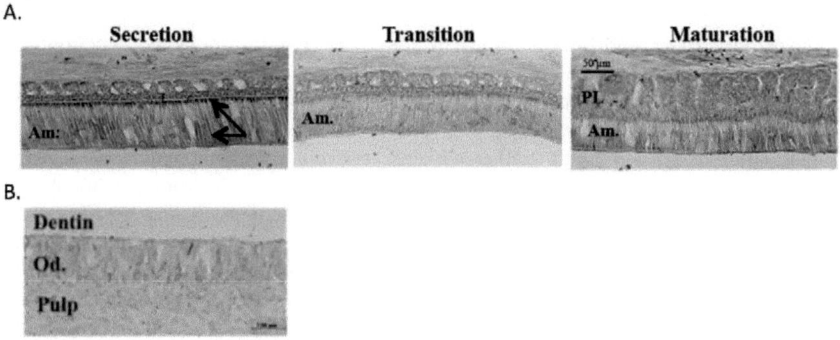

A.

B.

Figure 68 : A. Hybridation *in situ* avec la sonde ARN anti-sens IGFBP-2 au cours des différents stades de différenciation des améloblastes. B. Localisation des ARNm IGFBP-2 dans les odontoblastes.

2. **Article 1: "Asporin and the Mineralization Process in Fluoride-Treated Rats", Journal of Bone and Mineral Research, 2014.**

Le fluor à faible dose est un agent protecteur de l'émail contre la maladie carieuse par renforcement de sa phase minérale. Mais, son excès lors de la formation de la dent cause une hypominéralisation de l'émail, diagnostiquée par des taches blanches à brunes et appelée fluorose dentaire. C'est actuellement un réel problème de santé publique car une diminution du seuil de sensibilité au fluor encore inexpliquée a été reportée ces dernières années et remet en question le traitement préventif systématique au fluor.

L'effet du fluor en tant qu'inhibiteur enzymatique ou élément constituant de la fluoroapatite a été décrit depuis des décennies. Par contre, son activité sur la modulation d'expression de gènes n'a été reportée que récemment dans notre précédent travail mettant en évidence, par une approche transcriptomique globale, les gènes modulés par le fluor dans les cellules odontoblastiques (Wurtz *et al.*, 2008). Parmi les gènes cibles du fluor, l'asporine, un élément de la famille des « Small Leucine Rich Repeat Protein » a retenu toute notre attention au vu de son implication dans le processus de minéralisation. L'expression de l'asporine a été analysée, dans les tissus dentaires capables de synthétiser une matrice minéralisée, à savoir l'émail, la dentine et l'os environnant l'incisive à croissance continue de rat. Pour cela, nous avons traité des rats Wistar (n=40) dès le sevrage (21 jours) avec de l'eau de boisson fluorée ad libitum pendant 6 semaines (temps nécessaire au renouvellement complet des incisives à croissance continue) à quatre concentrations différentes de fluorure de sodium (NaF) : 0 mM correspondant à la condition contrôle (n=10), 2.5 mM (50 ppm) (n=10), 5 mM (100 ppm) (n=10), et 7.5 mM (150 ppm) (n=10). Les échantillons dentaires ont été analysés par une approche histologique en microscopie photonique classique (immunohistochimie, immunofluorescence avec double marquage pour la colocalisation de l'asporine et du collagène de type I et hybridation in situ) et en MET. Ces approches qualitatives ont été complétées par des études plus quantitatives avec des techniques de biologie moléculaire et de biochimie (Western Blot et RT-qPCR) réalisées à partir de micro-dissection de l'épithélium et du mésenchyme des incisives mandibulaires.

Des travaux, *in vitro*, menés sur deux lignées cellulaires, l'une améloblastique (HAT-7) (Kawano *et al.*, 2002) et l'autre odontoblastique (705IH8) (Priam *et al.*, 2005) ont permis de conforter les résultats *in vivo* et d'envisager des expérimentations de fonctionnalité du fluor sur les cellules formant les tissus dentaires.

Nos résultats montrent que le fluor régule différemment l'expression de l'asporine suivant le site de localisation. En effet, il l'augmente dans l'émail et les HAT-7 et la diminue dans la dentine et les 705IH8. Or, l'asporine est pro-minéralisante dans la dentine et anti-minéralisante dans l'émail. Ces régulations conduisent à une hypominéralisation de l'émail et de la dentine en présence d'un excès de fluor.

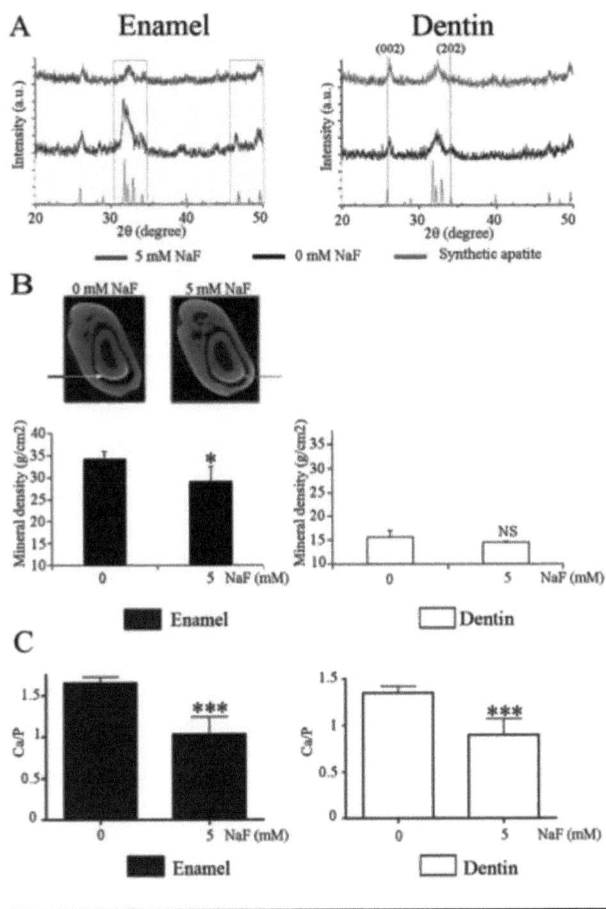

Figure 69: Comparison of dentin and enamel mineralization in control and 5 mM NaF-treated rats.

Legend supplement figure:
(A) X-ray diffractograms of enamel (left panel) and dentin (right panel) using a PANALYTICAL EMPYREAN diffractor with a Cu X-ray tube and a 500mm-wide beam. The diffractogram for control enamel (in black) was similar to that of the synthetic apatite (in red) used as the reference; this indicates that they have similar structures. Conversely, several peaks (framed in green) were absent or less intense (and broader) in the diffractogram of fluorotic apatite (in blue) indicating a less organized and less mineralized apatite. For dentin, the (002) peak at 2q26.23° was higher in NaF-treated samples suggesting a different crystal organization with polycristalline stacking along the c-axis. In addition, the control dentin diffractogram clearly showed the (202) peak at 2q34.07° unlike that in the NaF-treated dentin, suggesting a difference of morphology and an increased polycrystallinity. The main differences between the two conditions are indicated in green. (B) m-CT analysis of mineral density using a scanner (desktop Skyscan 1172, Aartselaar, Belgium). This system is based on a cone beam X-ray source giving a spatial resolution of 6.7 mm voxels. Arows indicate the difference between control (in black) and NaF-treated (in blue) enamel. Mineral density was quantified in a precisely defined region of interest on 255 sequential slides. There was no significant difference between control and NaF-treated dentin (right panel); however, there was slightly but significantly lower mineral density in NaF-treated enamel (29.1±3.3 g/cm2) than control enamel (34.2±1.7 g/cm2; p=0.029) (left panel). (C) EDS analysis using an X-ray detector system attached to a scanning electron microscope (JSM-6510, JEOL, Tokyo, Japan) at 15kV. For each specimen, fifteen independent points distributed throughout the enamel and the dentin were analyzed to determine Ca and P contents. The ZAF correction method (atomic number effect correction (Z), absorption effect correction (A) and fluorescent excitation effect correction (F)) was used to process the semi-quantitative data. Comparison of Ca to P ratios in enamel (left panel) and dentin (right panel): the ratios were lower in NaF-treated than control rat enamel and dentin.

Each experiment was carried out on three different samples from each group and quantitative data are represented by means + SD. The two tailed non-parametric Mann-Whitney test was used for comparisons, and differences were considered as statistically different if p<0.05 (*).

3. Résultats additionnels

3.1 Effet du fluor sur la dentine

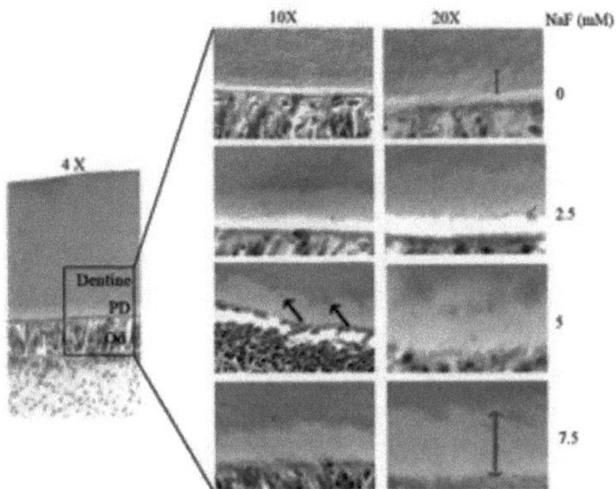

Figure 70 : Coloration Hématoxyline-Eosine (HTX) au niveau de la zone jonctionnelle prédentine-dentine montrant les effets des différentes doses de fluorure de sodium sur la prédentine (PD) et les odontoblastes (Od.).

La coloration histologique à l'Hématoxyline-Eosine (figure 70) met de mettre en évidence la jonction prédentine-dentine par un différentiel de couleur (rose pâle pour la prédentine non minéralisée à rose foncé pour la dentine minéralisée).

Les principaux effets du fluor sur la dentine sont :

1. Une couche de prédentine plus épaisse;

2. Un front de minéralisation, entre dentine et prédentine, irrégulier;

3. La présence de calcosphérites (intermédiaires de minéralisation à la jonction prédentine-dentine) signant un retard de fusion de ces structures.

Tous ces éléments soulignent un phénomène de retard de minéralisation de la dentine.

3.2 Effet du fluor sur l'expression de l'ARNm du collagène I

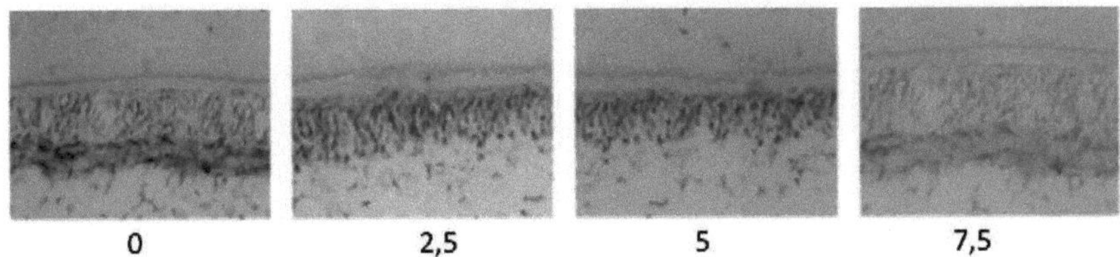

Figure 71 : Localisation, par hybridation *in situ*, de l'ARNm du collagène I-α1 dans les odontoblastes d'incisive de rat et modulations d'expression et sa variation d'expression suivant les concentrations de fluorure de sodium.

A faibles concentrations de fluor (2,5 mM), nous observons une stimulation de la synthèse de l'ARNm collagène de type I alpha 1 *in vivo* et donc une augmentation du dépôt de collagène de type I dans la matrice extracellulaire dentinaire.

A contrario, de plus fortes concentrations de fluor (5 mM et 7,5 mM) ont un effet opposé, diminuant l'expression du collagène de type I dans la dentine. Ces résultats sont en accord avec de précédentes données publiées (Maciejewska *et al.*, 2006).

3.3 Effets du fluor sur le système TGF- ß

Comme il est décrit dans la littérature que l'asporine lie directement le TGF-ß (Nakajima *et al.*, 2007 ; Kou *et al.*, 2007), nous avons analysé les éventuelles modulations d'expression du TGF-β et de son récepteur dues à l'exposition au fluor. Les ARN extraits ont été analysés par RT-PCR afin de savoir d'une part, si les niveaux d'expressions du TGF-ß étaient du même ordre de grandeur dans l'épithélium et le mésenchyme et d'autre part si les modulations dues au fluor étaient comparables dans les deux tissus. La figure 72 nous permet d'affirmer que le TGF-ß est exprimé aussi bien dans l'épithélium que dans le mésenchyme et que, quelque soit le compartiment considéré, le NaF diminue l'expression du TGF-β de façon dose dépendante. Le récepteur de type 1 (R1-TGF-ß) est également exprimé dans les deux compartiments mais n'est pas modulé par le NaF.

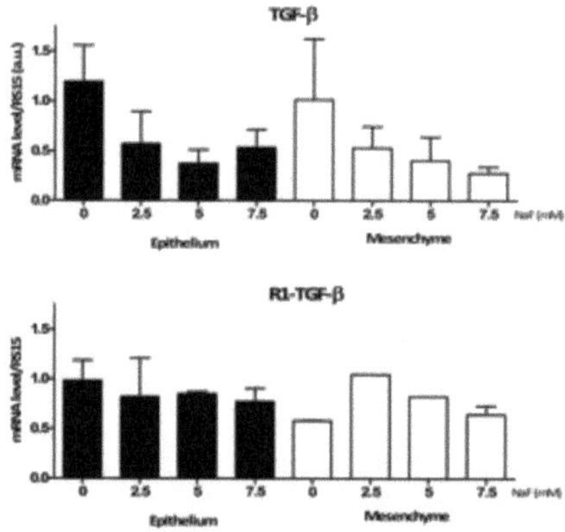

Figure 72 : Modulations des taux d'ARNm du TGF-ß et de son récepteur de type 1 (R1-TGF-ß) dans l'épithélium et le mésenchyme dentaires suivant les concentrations de NaF.

3.4 Discussion/Perspectives

L'asporine est exprimée dans les matrices minéralisées, et est la seule SLRP modulée par le fluor capable d'interagir avec le calcium et le collagène de type I. L'asporine apparaît ici come un facteur clé des processus de minéralisation. Elle est donc importante à prendre en considération pour la compréhension de la physiopathologie de la fluorose ainsi que dans le développement d'autres pathologies affectant les tissus minéralisés (figure 73).

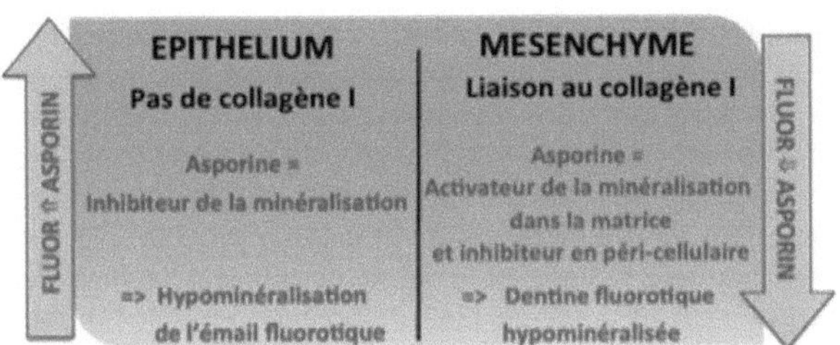

Figure 73 : Schéma de conclusion sur les rôles potentiels de l'asporine sur les processus de minéralisation dans l'épithélium et le mésenchyme de l'incisive de rongeur.

D'autres études sont requises afin de caractériser les rôles de l'asporine en relation, avec le calcium et le collagène d'une part et avec le TGF- et la BMP-2 d'autre part. En effet, les données de la littérature montrent qu'en fonction des molécules qui interagissent avec l'asporine, sa fonction dans les processus de minéralisation peut être opposée. Pour cela, des approches expérimentales *in vitro* avec des ShRNAs du TGF-β, de son récepteur, du collagène et de l'asporine menées sur les deux lignées cellulaires donneraient des indications fonctionnelles sur le rôle de chacun de ces éléments dans les processus de minéralisation. Bien que les approches *in vitro* permettent d'apporter des données fines sur les doses et les mécanismes mis en jeu, elles sont toujours limitées par le manque de ressemblance avec le tissu *in vivo*. Seul un type cellulaire modifié est étudié dans un plan bidimentionnel. Ainsi, des modèles expérimentaux *in vivo*, incluant des souris invalidées pour le gène codant l'asporine à l'état homozygote (-/-) apporteraient la preuve fonctionnelle de l'implication de l'asporine dans les fluoroses dentaires, surtout si cette invalidation peut être ciblée dans l'espace, c'est-à-dire spécifique de l'épithélium ou du mesenchyme dentaire et même dans le temps pour cibler les effets de la délétion à des stades de développement définis. Ces modèles n'étaient pas disponibles lors de notre étude.

4. **FLUOR ET FER**

4.1 Résultats préliminaires sur le rat

L'étude de l'impact du fluor sur la coloration de l'émail a été initiée suite à la mise en évidence du phénotype des incisives des rats traités au fluor. Il est en effet observé l'apparition d'une alternance de bandes claires (non pigmentées, pauvres en fer) et foncées (pigmentées, riches en fer) (Pindborg *et al.*, 1946) aux doses intermédiaires de 2,5 mM et 5 mM et une perte de coloration quasi complète de la surface de l'incisive à la dose de 7,5 mM. Nous émettons l'hypothèse d'une action potentielle du fluor sur la couleur des incisives et sur l'incorporation du fer dans l'émail dont l'implication a été décrite depuis des décénnies. Notre hypothèse est que le fluor interagit avec le fer et /ou les composants de son métabolisme et diminue alors la coloration orangée de l'incisive. Notre hypothèse se base sur le fait qu'en chimie, l'ion fluorofer (III) FeF^{2+} est incolore alors que l'ion Fe^{2+} est de couleur orangée en solution, ainsi que sur la présence de ferritine dans les améloblastes de l'incisive de rat (Miyazaki *et al.*, 1998 ; Yanagawa *et al.*, 2004 ; Mataki *et al.*, 1989). De plus, l'épithélium dentaire présente la plus forte expression, des chaînes lourde (HFt) et légère (LFt) de la ferritine par rapport autres tissus testés (foie, cœur, rate) (Miyazaki *et al.*, 1998).

4.2 Coloration de Perl's sur l'incisive

Afin d'étudier l'implication du fer dans l'incisive de rat, nous avons réalisé une coloration de Perl's permettant de mettre en évidence les ions ferriques par une coloration bleue (Bunting, 1949 ; Richter, 1978) (figure 74). La coloration se situe spécifiquement au niveau des améloblastes avec un gradient croissant, corrélé à l'incorporation du fer par les améloblastes, allant du stade de transition à celui de pigmentation.

A.

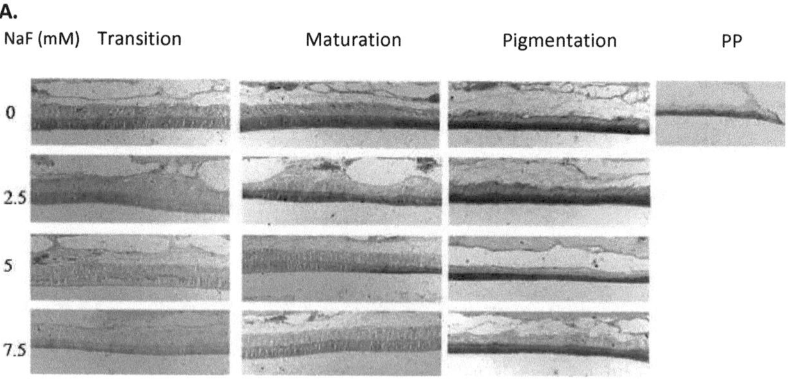

B.

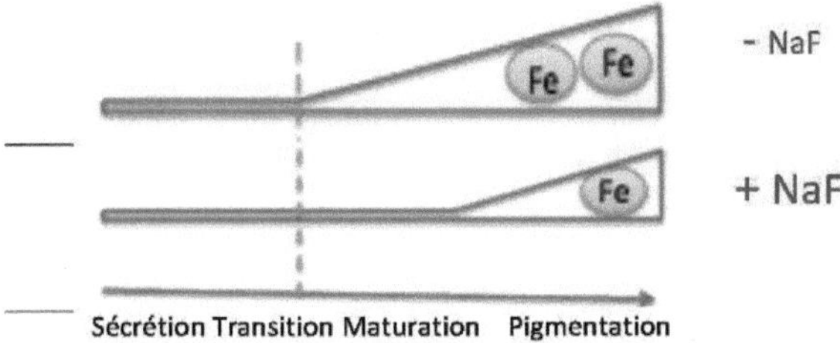

Figure 74 : A. Coloration de Perl's visualise en bleu l'accumulation de fer ainsi que l'impact de doses croissantes de NaF sur son incorporation dans les améloblastes d'incisive de rat. PP : post-pigmentation. B. Représentation schématique de l'impact du fluor sur l'incorporation du fer.

De façon intéressante, nous avons remarqué une altération du stockage du fer qui est de plus en plus sévère suivant un effet-dose de NaF, dans les améloblastes des incisives. En effet, non seulement le début d'accumulation du fer apparaît avec un retard spatio-temporel au niveau des stades de transition/début de maturation mais aussi l'intensité de coloration (non quantifiable avec cette technique) diminue clairement de façon dose-dépendante au sein des améloblastes de maturation (figure 75).

4.3 Modulation d'expression génique de la ferritine (Ft) dans l'épithélium de l'incisive par le fluor

Nous avons analysé par RT-qPCR, l'effet du NaF sur l'expression de la protéine du stockage du fer dans les cellules : la ferritine avec sa chaîne lourde (HFt) et sa chaîne légère (LFt). Nous observons figure 75 que le NaF n'a pas d'effet significatif sur les taux des ARNm HFt et LFt dans l'incisive de rat. Le fluor n'agirait donc pas au niveau génique sur la Ft.

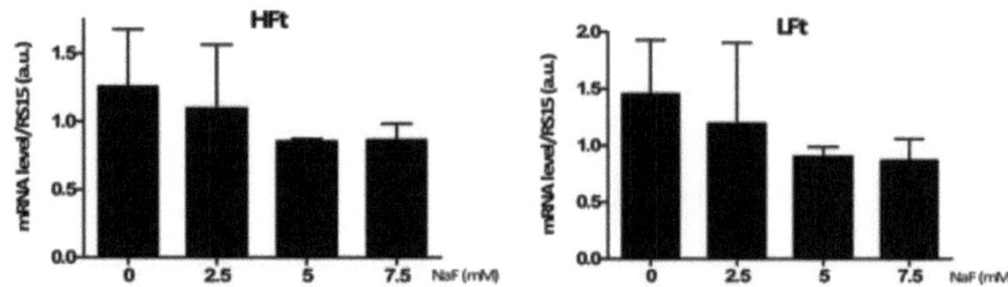

Figure 75 : Modulations d'expression des ARNm des chaînes lourde (HFt) et légère (LFt) dans l'épithélium suivant les concentrations de NaF (mM).

5. __Article 2__ *(en préparation)* : __Impact de la ferritine (HFt) et de l'exposition chronique au fluor (NaF) sur la couleur et la qualité de l'émail__

5.1 Introduction

Nous avons poursuivi notre étude sur des souris hétérozygotes dont un allèle de la chaine lourde de la ferritine (HFt) a été invalidé par l'insertion d'un codon stop dans l'exon 2 (HFt+/-) provenant de l'animalerie de l'unité INSERM U773, [Dr. Carole Beaumont, Université Paris Diderot Paris 7, Centre de Recherche Biomédicale Bichat Beaujon CRB3, Equipe "Fer et Synthèse d'Hème : génétique, physiologie et pathologie")]. Les mutants   (HFt -/-) n'ont pas été inclus dans cette étude car ils meurent *in utero* entre 3,5 et 9,5 jours de gestation (Ferreira *et al.*, 2000). La souris HFt+/- est viable et ne présente pas de phénotype particulier. Elle a un taux de HFt diminué de moitié dans le foie, la rate et le cœur, mais sans modification de la distribution tissulaire du fer, ni du taux plasmatique du fer (pas de surcharge plasmatique et tissulaire en fer) (Ferreira *et al.*, 2001).

12 souris mâles dont 6 HFt+/- et 6 HFt+/+ et 24 souris femelles dont 12 HFt+/- et 12 HFt+/+ ont été réparties en quatre groupes en fonction de l'exposition au NaF (+/+ T, +/- T, +/+ NaF et +/- NaF). Tous les animaux ont été maintenus en conformité avec le Ministère français de l'Agriculture pour les lignes directrices concernant l'utilisation et les soins des animaux de laboratoire (A-75-06- 12). Les souris étaient âgées de 3 mois au début de l'étude. Les groupes traités au NaF ont été exposés à une dose de 5 mM (100 ppm) *ad libitum* dans leur eau de boisson pendant 6 semaines. Cette période a été choisie afin de permettre une imprégnation complète des incisives à croissance continue.

5.2 Résultats et discussion

Les souris invalidées HFt+/- mâles ou femelles présentent des incisives mandibulaires avec une perte de la pigmentation orangée caractéristique, les rendant moins colorées (figure 76). Après traitement au NaF, les incisives des souris HFt +/+ sont blanches et opaques, comme attendu dans les fluoroses (DenBesten, 1986 ; Kato *et al.*, 1988). De plus, des pertes de substances amélaires localisées sont aussi visibles principalement au niveau des incisives mandibulaires. Concernant les incisives des souris HFt +/- NaF, en plus d'une décoloration sévère, il y a des dislocations d'émail en larges plages suggérant un impact de la ferritine sur la qualité de l'émail. Chez les femelles, les incisives mandibulaires sont soit fracturées (4/6 souris HFt +/- avec une croissance compensatoire des incisives maxillaires antagonistes), soit très fragilisées (fracture d'émail pour 2 souris des 6 restantes). Cette altération de la qualité de l'émail des souris HFt +/- est accompagnée d'une augmentation de la phase de sécrétion (figure

78). Chez les mâles, les incisives mandibulaires n'ont pas été retrouvées totalement fracturées mais elles présentent des pertes de substance des 2/3 distaux (bords libres) de leur émail.

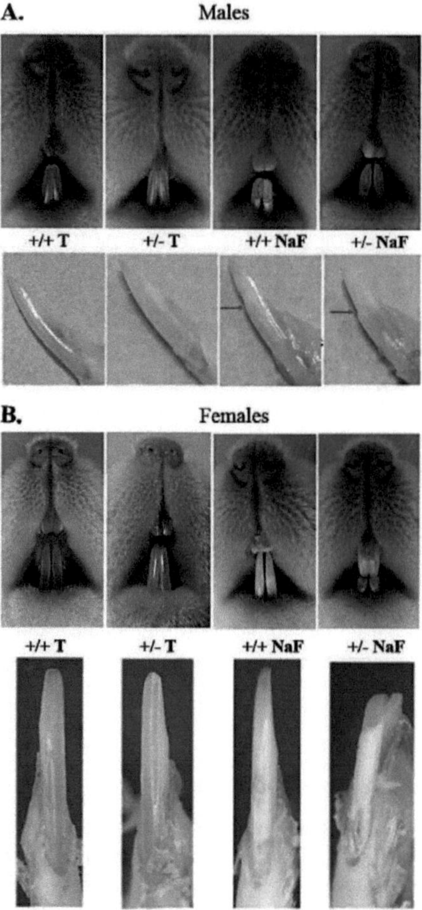

Figure 76 : Phénotypes dentaires des souris.
(A) Phénotypes des souris mâles HFt +/+ T (témoin non traité), HFt +/-, HFt +/+ NaF (exposé à 5 mM NaF) et HFt +/- NaF. (B) Phénotypes des souris femelles HFt +/+, HFt +/-, HFt +/+ NaF et HFt +/- NaF. Une décoloration des incisives mandibulaires des souris mâles et femelles HFt +/- est observable. Cette décoloration est aggravée par l'exposition chronique au fluor (coloration blanche-opaque). Les incisives mandibulaires des femelles sont fracturées et celles des mâles fragilisées. Les souris traitées au NaF présentent des défauts d'émail sur les incisives maxillaires également.

Malgré l'usure des incisives mandibulaires des souris traitées avec 5 mM NaF, il n'y a pas de variation significative de leur poids par rapport aux témoins non traités aussi bien chez les mâles (~ 30g) que chez les femelles (~ 25 g) (figure 77).

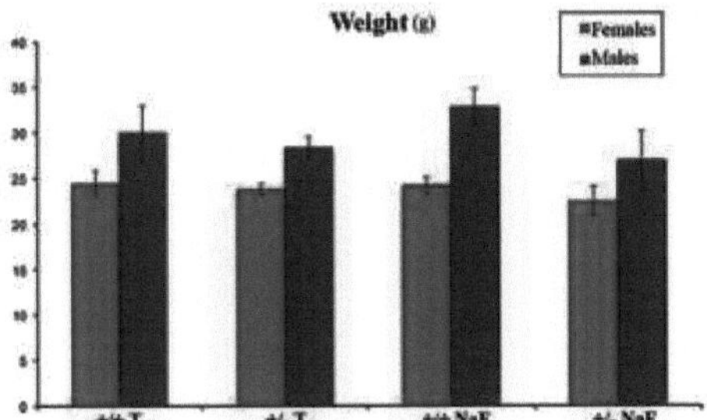

Figure 77 : Poids des souris mâles (bleu) et femelles (rose) (en grammes).

La longueur de la phase de sécrétion (S) est mesurée avec un fil gradué de l'apex de l'incisive jusqu'à un repère de la phase de transition/début de maturation mis en évidence par une marque blanche qui apparaît clairement après hydratation et séchage à la pointe de papier de la surface externe de l'incisive micro-disséquée. Ce repère correspond au début de dépôt de minéral sur la matrice organique de l'émail.

Une augmentation de 1,25 mm en moyenne de la longueur de la phase de sécrétion est observée chez les souris HFt +/- aussi bien dans les conditions contrôles que sous traitement au NaF. Cela se traduit par un retard de maturation de l'émail chez ces souris hétérozygotes (figure 78). Autrement dit, ce résultat indique que la délétion d'un allèle de la HFt peut avoir un impact sur le processus de différenciation des améloblastes. Et que le fluor en administration chronique n'a pas d'action significative sur la phase de sécrétion que ce soit chez les souris HFt +/+ ou HFt +/-. Ce qui est en accord avec les données de la littérature montrant que le fluor en administration chronique n'a pas d'effet au stade de sécrétion, le stade cible privilégié étant le stade de maturation.

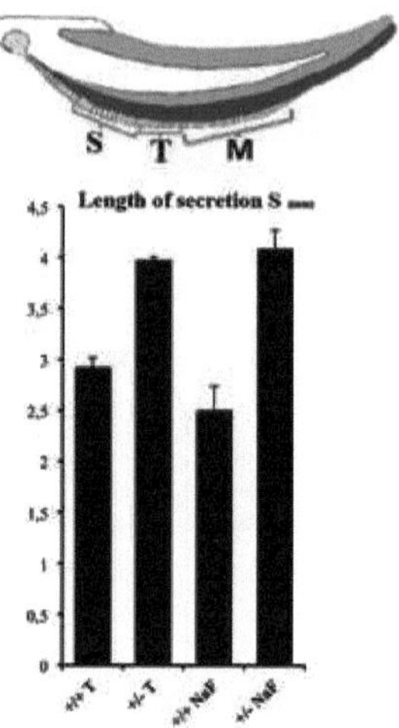

Figure 78 : Longueurs de la phase de sécrétion (S) de l'amélogenèse (en mm) des incisives mandibulaires. S= Sécrétion ; T = Transition ; M= maturation.

L'étude a été poursuivie chez les souris femelles uniquement, car le phénotype était plus marqué par rapport aux mâles et nous disposions de plus d'animaux.

5.2.1 Rôle de la HFt et du NaF sur l'accumulation de fer dans les améloblastes.

L'accumulation du fer a été détectée par 2 techniques : l'imagerie SIMS en microscopie électronique et la coloration histologique de Perl's.

5.2.1.1 L'imagerie SIMS « spectrométrie de masse à ionisation secondaire » permettant la localisation intracellulaire de l'oxyde de fer (FeO).

La technique SIMS, permet l'identification directe des éléments chimiques avec une haute sensibilité et spécificité (Guerquin-Kern *et al.*, 2005) et peut être utilisée pour la visualisation de la distribution des éléments (cartographie chimique). Dans notre étude, l'imagerie dynamique SIMS a été réalisée au niveau sub-cellulaire à l'aide d'une micro-sonde ionique NanoSIMS-50 en mode scanning (CAMECA, Gennevilliers, France). L'accumulation du fer est visible sous la forme $^{56}Fe^{16}O$.

Nos résultats montrent que les améloblastes de maturation des souris HFT +/- semblent contenir moins de fer dans leur cytoplasme que ceux des souris HFT +/+. Les ameloblastes de toutes les souris traitées au NaF ne montrent plus aucun signal correspondant à du fer dans leur cytoplasme. Les molécules sont diffuses et en très faible quantité dans la phase fluide péri-améloblastique (figure 79).

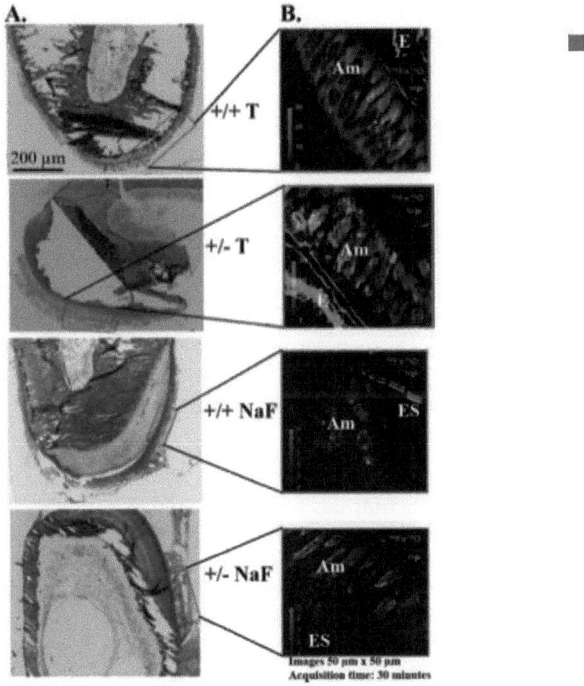

Figure 79 : Accumulation du fer observée en MET
A. Analyse en microscopie électronique à transmission des incisives des souris HFt +/+ T, HFt +/- T, HFt +/+ NaF et HFt +/- NaF en section frontale au niveau de la phase de maturation tardive. Coloration au bleu de Toluidine. B. Localisation par imagerie SIMS de l'oxyde de fer ($^{56}Fe^{16}O$) (en rouge) et du phosphore (^{31}P) (en vert) dans les améloblastes de maturation. E = émail ; ES= espace de l'émail ; Am = améloblastes.

5.2.1.2 La coloration de Perl's (coloration au bleu de Prusse ou bleu de Berlin) (Perls, 1867 ; Bunting, 1949 ; Richter, 1978).

Cette coloration permet de mettre en évidence les complexes insolubles contenant du fer. Le réactif de Perl's (ferrocyanure de potassium) en présence de chlorure d'hydrogène réagit avec les ions ferriques (Fe^{3+}) pour former un pigment insoluble de fer (le ferrocyanure ferrique) de couleur bleue.

Les mandibules des souris de chacune des 4 conditions ont d'abord été décalcifiées à l'EDTA 4,13%, puis incluses en paraffine (Paraplast Plus, Sigma-Aldrich, St. Louis, MO) et soumises à des coupes sériées en sections sagittales de 8 µm d'épaisseur (Houari *et al.*, 2014). Ces coupes récupérées sur lame sont ensuite déparaffinées au Safe solv (LaboNord, Templemars, France), réhydratées puis immergées pendant 40 minutes dans la solution de coloration de Perl's fraîchement préparée à partir d'un mélange à parts égales de 20% d'acide chlorhydrique (20% d'HCL concentré) (jusqu'à obtention de la coloration bleue) et de 10 % de ferrocyanure de potassium. Les échantillons sont ensuite rincés à l'eau bi-distillée puis contre-colorés au rouge de Kernechtrot (rouge nucléaire ou fast Red) pendant 5 minutes et déshydratés par des bains d'alcool en concentration croissante pour être finalement montés au xylène (DPX) entre lame et lamelle.

Chez les souris HFt +/+, la coloration bleue est visible spécifiquement dans les améloblastes à partir du stade de transition et s'intensifie jusqu'au stade de pigmentation pour ensuite disparaître des améloblastes au stade de post-pigmentation (les cellules ayant libéré leurs pigments vers la couche externe de l'émail) (figure 80). Les vues en mosaïques permettent de mettre en évidence un impact de la HFt et du NaF sur la distribution du fer le long des différentes phases de différenciation des améloblastes (figure 80A).

Impact de la HFt : L'intensité de la coloration au bleu de Perl's chez les souris HFt +/- semble diminuée de façon homogène (figure 80A). A plus fort grossissement, l'effet de la HFt sur les améloblastes des souris non traitées se traduit non seulement par un retard d'accumulation du fer qui débute plus tardivement au stade de maturation mais aussi par une libération (au moins en partie) des pigments ferriques plus rapide (ou une accumulation moins longue dans le temps) étant donné que les améloblastes de pigmentation ne sont que très ponctuellement colorés, donc contiennent moins de fer (figure 80A et 80B). L'invalidation d'un allèle de la HFt altèrerait la longueur/cinétique de stockage et libération du fer au cours de l'amélogenèse. De plus, la faible intensité de coloration dans la condition +/- laisse apparaître de petites ultrastructures globulaires de stockage associées à la Ft ou à des endosomes.

Impact du NaF : Pour les souris HFt +/+ traitées au NaF, la coloration semble également plus faible dans les améloblastes de maturation (figure 80B et 80C). Mais surtout elle s'arrête plus tôt dans la mesure où les améloblastes au stade de pigmentation ne sont pas colorés (figure 80B). On peut également remarquer une triple discontinuité de coloration qui pourrait concerner un type d'améloblastes de maturation particulièrement : les améloblastes à bordure lisse (SA pour « Smooth Ameloblasts ») (cercles noirs figures 80A ; 80A' et figure 80C). Tout comme dans le cas des souris contrôles HFt +/- non traitées, les souris HFt+/- NaF voient la longueur de la phase de sécrétion augmentée expliquant le retard le l'accumulation du fer (figure 80A). Cette double continuité est logiquement expliquée par le fait que la ferritine induit une augmentation de la longueur de sécrétion (figure 78). Les souris HFt +/- traitées au NaF accumulent moins de fer, pendant moins longtemps par comparaison aux souris HFt +/+.

De plus, alors que le fer est réparti dans tout le cytoplasme des améloblastes de maturation des souris HFt +/+, les améloblastes des souris HFt +/+ et HFt + /- NaF montrent une localisation singulière du fer dans un certain type d'améloblastes de maturation seulement. En effet, le fer est absent du tiers apical de ces cellules que nous pensons être des cellules à bordure plissée (RA pour « Ruffle Ameloblasts ») et s'accumule dans la zone infra-nucléaire. De plus, les discontinuités de coloration que nous avons attribué à des SA est confortée à plus fort grossissement par la morphologie plissée ou non des pôles apicaux des cellules (figure 80C). Enfin, dans la condition HFt +/- NaF, nous pouvons bien distinguer dans les améloblastes de maturation et en particulier les améloblastes à bordure plissée, des structures globulaires certainement contenant de la Ft (flèches noires sur la figure 80C). Les améloblastes de pigmentation ne contiennent plus du tout de fer (figure 80C) indiquant que le raccourcissement de l'accumulation du fer dans la phase de pigmentation est dû au fluor et à l'absence d'un allèle HFt.

A.

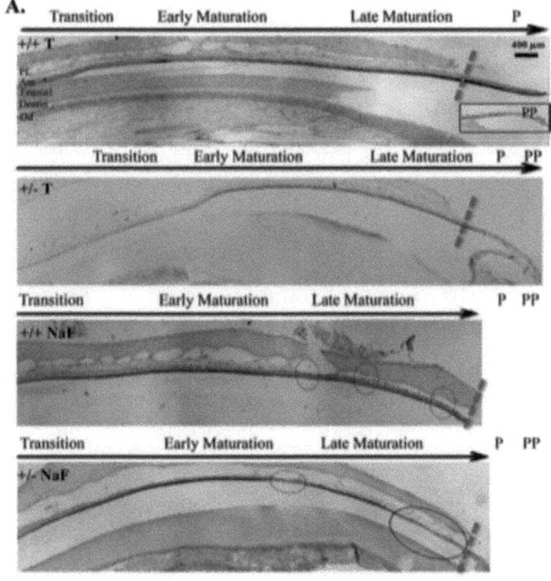

A'.

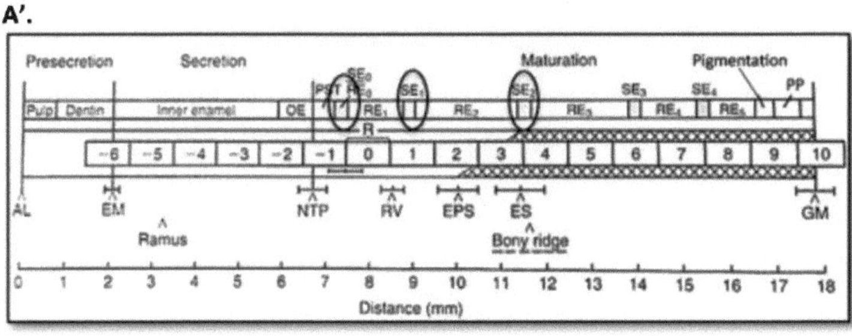

134

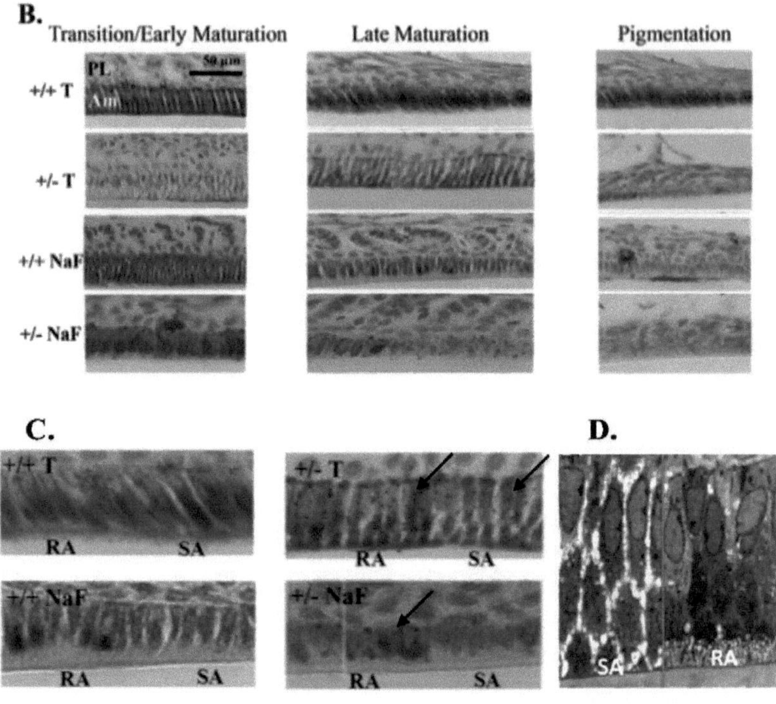

Figure 80 : Accumulation du fer dans les améloblastes sous l'action du NaF
A. Mosaïques représentant des coupes sagittales d'incisives mandibulaires des souris HFt +/+ T
(Témoin), HFt +/- T, HFt +/+ NaF et HFt +/- NaF. La coloration de Perl's bleue se répartit
spécifiquement au niveau des améloblastes à partir du stade de transition. PP : post-
pigmentation. Echelle : 400 µm. ▰▰▰ : Crête osseuse. Représentation schématique de la
longueur occupée par les différents stades de différenciation des améloblastes ainsi que de
l'alternance des améloblastes à bordure plissée (RA) et à bordure lisse (SA). A'. Représentation
schématique de la modulation des améloblastes de maturation. B. Effet de l'invalidation de la
ferritine (HFt +/-) et du NaF sur l'accumulation de fer dans les améloblastes. Agrandissement
au niveau des améloblastes au stade de transition/maturation précoce, maturation tardive
(Late Maturation) et pigmentation. Echelle : 50 µm. C. Agrandissement des améloblastes de
maturation mettant en évidence le phénomène de modulation illustré par l'incorporation du
fer dans ces différents types cellulaires suite à l'exposition des souris au NaF. D. Améloblastes
à bordure plissée (RA) et lisse (SA) en MET.

Cela permet d'émettre trois hypothèses concernant l'impact de la HFt d'une part, et
du fluor d'autre part :

- Le fluor se complexant avec le fer forme l'ion Fluorofer (III) FeF^{2+} incolore. Ce complexe ne serait donc pas mis en évidence par la coloration au bleu de Perl's.
- Le fluor empêcherait l'entrée du fer dans certains améloblastes de maturation : les améloblastes à bordure lisse (SA). Le mécanisme l'expliquant étant encore inconnu.
- L'invalidation d'un allèle de la HFt entrainerait une libération du fer plus précoce dès la fin de la maturation (la libération des pigments ferriques ayant lieu en physiologie lors du stade ultérieur dit de post-pigmentation (PP)). Ce fer libéré en amont serait peut être « dissout » dans un émail encore immature.

Toutes ces hypothèses convergent vers la conséquence que le fer ne serait pas présent dans la couche externe de l'émail ce qui expliquerait la perte de coloration jaune-orangée de l'incisive mais aussi la qualité altérée de l'émail non enrichi en fer.

En résumé, ces résultats montrent que :

- L'invalidation d'un allèle de la HFt et le NaF réduisent la plage d'accumulation du fer dans les améloblastes et donc la coloration. Cette plage est raccourcie aussi bien du coté de la transition que de la pigmentation.
- Le NaF, quel que soit le type de souris (HFt +/+ et +/-), introduit des plages de discontinuité de coloration lors du stade de maturation spécifiquement. Ces alternances correspondraient très probablement au phénomène de modulation des améloblastes passant de bordures plissées (RA colorés) aux bordures lisses (SA non colorés). Ce sont ces derniers qui seraient exempts de fer après exposition des souris au fluor.

Ces résultats sont en accord avec ceux de l'imagerie SIMS montrant que l'accumulation de fer est réduite en l'absence d'un allèle HFt et devient indétectable en présence de fluor.

5.2.2 Modulation d'expression des protéines de la matrice de l'émail et du métabolisme du fer en fonction de l'accumulation du fer (expression de la HFt).

Les protéines matricielles de l'émail : cibles de la HFt et du NaF

L'expression de l'amélogénine (AMEL) n'est retrouvée que dans l'épithélium, ce qui est attendu et ce qui montre la spécificité de la réaction et la qualité des dissections. Son expression est augmentée en moyenne d'environ 2,5 fois chez les souris HFt +/- par rapport aux souris HFt +/+ (figure 81A). Alors que le NaF diminue très nettement son expression entre 3 (pour les +/+) et 10 fois (pour les +/-). De plus, l'augmentation de la longueur de sécrétion (figure 78) corrobore ce résultat de RT q-PCR car la sécrétion de l'amélogénine a lieu lors la phase de sécrétion.

Le taux de l'ARNm de l'améloblastine (AMB) n'est pas modifié suite à l'invalidation de la HFt mais est très diminué par le NaF (en moyenne d'environ 3 fois pour les +/+ à 12 fois pour les +/-).

L'expression de l'énaméline (ENAM) et de la kallikréine 4 (KLK4) est augmentée d'environ 2 fois chez les souris HFt +/- en comparaison aux HFt +/+. Le NaF diminue le taux d'ARNm KLK4 d'environ 2 fois chez les souris HFt +/+ et d'environ 7 fois pour les HFt +/-. Contrairement à tous les gènes amélaires ici étudiés, celui de l'ENAM n'est pas soumis à l'effet du fluor dans les conditions contrôles. Néanmoins, il est retrouvé diminué d'environ 5 fois chez les souris HFt +/- traitées au NaF par rapport aux HFt +/-.

Les protéines du métabolisme du fer : cibles du NaF

Premièrement, la répartition de l'expression des éléments intervenant dans le métabolisme du fer concerne essentiellement l'épithélium avec les améloblastes qui sont les cellules de la dent qui incorporent du fer. En effet, les graphiques de la figure 81B illustrent bien cette répartition majoritairement épithéliale de ces éléments, sauf la transferrine qui est beaucoup plus abondante dans le mésenchyme (tissu interne de l'incisive contenant les odontoblastes, les précurseurs odontoblastiques, les vaisseaux sanguins et les nerfs).

L'invalidation d'un allèle de la HFt conduit à la diminution de moitié de son expression dans l'épithélium des souris +/- suggérant que les améloblastes de ces souris ont une capacité réduite d'accumulation du fer (figure 81B). Ces résultats sont en accord avec ceux publiés dans d'autres organes (Ferreira *et al.,* 2001).

Le taux d'ARNm de la ferroportine, élément clé de l'exportation du fer, est diminué en moyenne d'environ 6,5 fois chez les souris HFt +/-, contribuant d'après notre hypothèse à éviter l'exportation du peu de fer intracellulaire disponible et indispensable à la machinerie basique de la cellule. En effet, l'expression de la ferroportine est très sensible au taux de fer.

Le NaF diminue d'environ 20% le taux d'expression de la HFt chez les souris HFt +/+ et les HFt +/- et paradoxalement il augmente celui de la ferroportine de 2 fois pour les HFt +/+ et de 6 fois pour les HFt +/-. Cependant, ces résultats demandent à être confirmés (ou infirmés) car les écarts-types sont importants et nous ne pouvons affirmer un effet du NaF sur l'expression génique de la ferroportine.

La transferrine, le RTf et la LFt ne présentent pas de variations significatives d'expression quelque soit la condition testée.

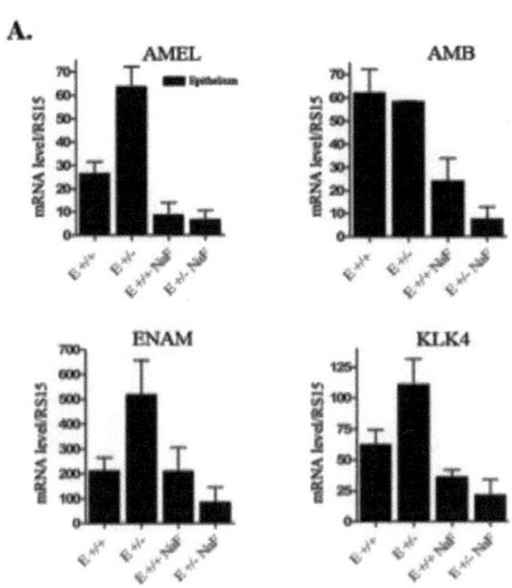

Table 1. Overview of all primers used in RT-qPCR

Gene name	Forward primer	Reverse primer
RS15	5'GGC TTG TAG GTG ATG GAG AA 3'	5' CTT CCG CAA GTT CAC CTA CC 3'
Ferritin H (HFt)	5' TCA GTC ACT ACT GGA ACT GC 3'	5' CGT GGT CAC CCA GTT CTT TA 3'
Ferritin L (FLt)	5' TGG CCA TGG AGA AGA ACC TGA ATC 3'	5' GGC TTT CCA GGA AGT CAC AGA GAT 3'
Transferrin (Tf)	5' GGA CGC CAT GAC TTT GGA TG 3'	5' GCC ATG ACA GGC ACT AGA CC 3'
Receptor Transferrin (RTf)	5' GAG GAA CCA GAC CGT TTA GTT GT 3'	5' CTT CGC CGC AAC ACC AGC A 3'
Ferroportin	5' GCT GCT AGA ATC GGT CTT TGG 3'	5' CAG CAA CTG TGT CAC CGT CAA 3'

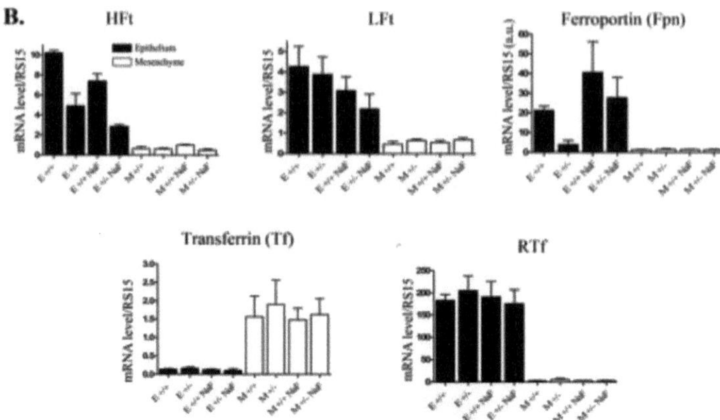

Figure 81 : Modulations des taux d'ARNscodant les protéines matricielles de l'émail et les protéines du métabolisme du fer par le NaF.
(A) Niveaux d'expression des ARNm de l'amélogénine (AMEL), de l'améloblastine (AMB), de l'énaméline (ENAM) et de la Kallikréine 4 (KLK4) rapportés à RS15 (gène de référence ubiquitaire) dans l'épithélium de l'incisive des souris. Amorces présentées dans Jedeon *et al.*, 2013. (B) Niveaux d'expression des ARNm de la HFt, de la LFt, de la ferroportine (Fpn), de la transferrine (Tf) et du récepteur à la transferrine (RTf) suite à l'invalidation d'un allèle de la HFt et à l'effet du NaF dans l'épithélium et le mésenchyme des souris. E= Epithélium ; M= Mésenchyme. L'extraction et l'analyse des ARN par RT-qPCR de l'épithélium et du mésenchyme des incisives des souris ont été réalisées suivant le protocole détaillé dans l'article Houari et al., JBMR, 2014.

NB : Les expériences de RT-qPCR n'ont été réalisées qu'en duplicata et donc les graphiques modélisant les modulations d'expression présentent des écarts-types importants et ne permettent pas de mettre en évidence des différences significatives (pas de test statistique possible au moment de l'écriture de ce manuscrit).

En résumé, nos résultats montrent que :

1. Les taux d'ARNm de l'AMEL, de l'ENAM et de la KLK4 sont augmentés chez les souris HFt +/- alors que celui de l'AMB ne varie pas dans cette condition. Ceci est en accord avec l'allongement de la phase de sécrétion qui peut contribuer à dégrader la qualité de l'émail (selon un mécanisme qui reste à définir).
2. Les ARN impliqués dans le métabolisme du fer (HFt, LFt, ferroportine (Fpn) et récepteur à la transferrine (RTf)) sont localisés majoritairement dans l'épithélium sauf celui de la transferrine (Tf) principalement exprimé dans le mésenchyme.
3. Il n'y a pas d'impact de la HFt sur l'expression des protéines du mésenchyme comme l'ostéocalcine (résultat non montré).

4. L'expression de la HFt diminue spécifiquement de moitié dans l'épithélium suite à l'invalidation d'un de ses allèles. L'absence de l'allèle HFt n'a un impact que sur la ferroportine en induisant une diminution de son expression. En effet la Tf, le RTf et la LFt ne sont pas modulés en l'absence d'un allèle HFt.
5. Toutes les protéines de l'émail (AMEL, AMB et KLK4) sont diminuées suite à l'exposition chronique au NaF sauf l'ENAM.
6. Le NaF diminue l'expression de l'ARNm de la HFt mais augmente celle de la ferroportine.

Aussi, il est connu que le pH acide favorise la réduction du Fe^{3+} en Fe^{2+} et que l'ion ferrique (Fe^{3+}) se complexe avec le fluor. Concernant l'interaction entre le fluor et le fer, l'ion Fluorofer (III) FeF^{2+} fait virer une solution d'ion ferrique de couleur orangée en une solution incolore. Aussi, la réduction du Fe^{3+} est retardée par la complexation avec le fluor (Steger, 1979).

Par ailleurs, il est connu que les améloblastes à bordure plissé (RA) contiennent une haute densité de RTf en comparaison à ceux avec une bordure lisse (SA). Le fer est donc transporté vers les améloblastes de maturation par la Tf qui trouve très majoritairement son récepteur spécifique sur les RA. Le phénomène de modulation serait responsable de la perte de la plupart de ces RTf (McKee *et al.*, 1987).

De plus, il a été montré que le DMT-1 fonctionne de façon optimale à pH acide (pH= 5,5-6) (Andrew, 1999), ce qui conforte nos résultats et notre hypothèse.

Tous ces résultats apportent une aide précieuse à la compréhension non seulement du rôle du fer dans la dent de rongeur mais surtout de la mécanistique d'action du fluor.

Nous aurions ici une démonstration à travers le métabolisme du fer dans les améloblastes d'un effet additionnel du fluor dans l'émail et les améloblastes expliquant la fluorose dentaire qui demeure à ce jour inconnue (illustré dans le schéma récapitulatif 82).

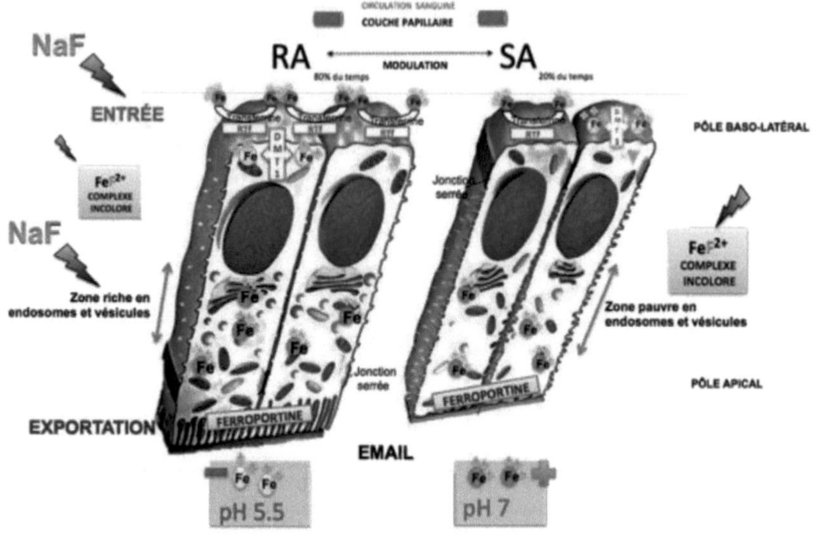

Figure 82 : Schéma récapitulatif des différentes hypothèses d'action du NaF sur le métabolisme du fer expliquant la coloration et la qualité de l'émail fluorotique chez la souris.

5.2.3 <u>Expériences en perspectives</u>

Tous ces résultats novateurs demandent à être complétés avant publication :

1) Au niveau protéique

Il est indispensable de confirmer par Western Blot les taux de ferritine, de ferroportine et de DMT-1 dans les améloblastes des quatre conditions testées ainsi que leurs localisations par immunohistochimie ou immunogold en MET. Des illustrations, dans ces mêmes techniques histologiques, des modulations des protéines matricielles de l'émail seront aussi bienvenues.

2) Au niveau du minéral

Par des analyses en Microscopie Electronique à Balayage (SEM) associées à de l'EDX afin de caractériser le minéral par la mesure du ratio Ca/P. Nous pouvons envisager de la spectroscopie photo-électronique à rayon X (XPS) afin de déterminer le statut oxidatif du fer ainsi que le type d'oxyde de fer modifié par le fluor suite à la perte de pigmentation des incisives des souris traitées. Des mesures de dureté de l'émail par nano indentation seraient intéressantes afin de quantifier l'impact de l'invalidation d'un allèle de la ferritine en combinaison ou non avec l'exposition au NaF. Enfin, des techniques à haute résolution, comme la diffraction de rayons X au synchrotron afin d'évaluer la structure amorphe ou cristalline de l'oxyde de fer dans nos quatre conditions expérimentales, seront intéressantes à réaliser. Une étude de caractérisation structurale et fonctionnelle de la pigmentation de l'émail chez la musaraigne a exposé ces techniques et servira de base pour la suite de nos investigations (Dumont *et al.*, 2014).

DISCUSSION & PERSPECTIVES

1. **DISCUSSION GENERALE & PERSPECTIVES CLINIQUES**

1.1 Problématique

Le travail développé dans cette thèse a traité de questions biologiques ayant pour fil directeur l'impact du fluor sur l'incisive de rongeur.

Nous avons travaillé avec des rongeurs (rats pour la première partie et souris pour la seconde) car contrairement à l'homme, ils possèdent des incisives à croissance continue par la présence de cellules souches dentaires au niveau de l'extrémité apicale (loop). De plus, ce modèle permet de suivre tous les stades de différenciation des améloblastes, présents de façon concomitante tout au long de la vie de l'animal. Ces caractéristiques font de l'incisive de rongeur le meilleur modèle expérimental d'étude de l'amélogenèse.

Le fluor à faible dose est un agent protecteur de l'émail contre la maladie carieuse par renforcement de sa phase minérale. Mais, son excès lors de la formation de la dent cause une hypominéralisation de l'émail, diagnostiquée par des taches blanches à brunes et appelée fluorose dentaire. Les prévalences de fluoroses semblent peu fréquentes en Europe, particulièrement en France, mais peuvent atteindre 30% dans certaines régions d'Amérique du nord et même 100% dans certaines régions d'Afrique (Ethiopie par exemple).

Néanmoins, l'apparition d'importantes anomalies de structure de l'émail suite à l'exposition au fluor chez l'homme est rare. Les raisons possibles sont :

- Le fait que la formation des tissus dentaires à lieu *in utero*, phase relativement protégée de l'exposition au fluor.
- Le minéral avec son enrichissement local en fluor se dépose tard lors de l'embryogenèse.

L'apparence et la localisation des taches de fluorose suggèrent que l'exposition toxique au fluor a lieu principalement lors de la période post-natale.

1.2 Gènes cibles

Nos résultats obtenus lors de mon master 1 et 2 au laboratoire ont permis de mettre en évidence un nouveau mode d'action du fluor basé sur des modulations de l'expression des gènes cibles fluoro-sensibles *in vitro* (Wurtz *et al.,* 2008). Parmi ces cibles, nous en avons sélectionnées certaines qui semblent tenir un rôle important dans l'amélogénèse et/ou les processus de minéralisation :

- La CCL-5, une chémokine impliquée dans les processus inflammatoires est très augmentée par le fluor dans les améloblastes au stade de maturation signant un recrutement important de cellules inflammatoires suite à l'exposition à de forte dose de fluor.

•   <u>Le système IGF,</u> constitué de deux facteurs de croissance, deux récepteurs dont un seul qui transmet un signal et six protéines de liaison (Jones et Clemmons, 1995). De nombreux travaux ont relaté l'importance des IGF, surtout IGF1, dans l'amélogénèse (Joseph *et al.*, 1994, 1999). Le récepteur des IGF (R-IGF-1) a également été proposé comme important dans les mécanismes d'apoptose des améloblastes se produisant avant l'éruption. Parmi les protéines de liaison, seule l'IGFBP-3 a été relatée dans quelques publications. Or cette IGFBP est capable d'avoir des effets indépendants de la liaison aux IGF, sur la prolifération et l'apoptose cellulaire (Martin et Baxter, 2011) et nécessiterait une étude à part entière. En effet, il existe des modèles de souris transgéniques surexprimant l'IGFBP-3 de façon ubiquitaire qui pourraient donner des informations quand à sa fonction dans l'amélogenèse. Les modèles de souris KO présentent en revanche des limites car l'absence d'une IGFBP semble compensée par les autres et ces souris ne présentent souvent aucun phénotype particulier. Nous avons montré que l'IGFBP-2 est essentiellement exprimée dans l'épithélium dentaire et qu'elle est modulée de façon opposée dans l'épithélium et le mésenchyme par le NaF. Le taux d'ARN IGFBP-2 est diminué de moitié dans l'épithélium et augmenté de 6 fois dans le mésenchyme. Comme les IGF sont essentiellement sécrétés par le mésenchyme, on peut supposer un dialogue privilégié entre ces deux tissus avec les éléments du système IGF agissant de façon autocrine. IGFBP-2 est une protéine clé dans le maintien de la prolifération cellulaire (Menouny *et al.*, 1997 ; Degraff *et al.*, 2009 ; Huynh *et al.*, 2011). Ces données laissent penser que le NaF peut également contribuer à l'apoptose des améloblastes en diminuant l'expression d'IGFBP-2 que l'on peut supposer importante pour leur suivie. Ce sujet demande à être approfondi aussi par des approches *in vitro* qu'*in vivo* d'autant que la littérature montrant l'importance des IGF dans les processus de minéralisation (osseuse) est très étoffée.

Au cours de ce travail de thèse, notre attention a essentiellement porté sur l'asporine, un élément de la famille des SLRPs. En effet, l'asporine est une protéine extracellulaire impliquée dans les processus de minéralisation. L'expression de l'asporine a été analysée dans les tissus dentaires capables de synthétiser une matrice minéralisée, à savoir l'émail, la dentine et l'os environnant l'incisive à croissance continue de rat. Nous avons mis en évidence que l'asporine a un effet dual selon la matrice dans laquelle elle est retrouvée. En effet, la discussion de l'article 1 « Asporin and the mineralization process in fluoride-treated rats » s'articule autour du fait nouveau de la présence de l'asporine dans les améloblastes et l'émail et de la différence de fonction entre tissus minéralisés basés sur une trame collagénique comme la dentine et l'os et l'émail qui n'en contient pas. En effet, l'asporine joue le rôle d'inhibiteur de la minéralisation lorsqu'elle est dans un environnement non collagénique alors qu'à l'inverse dans la matrice prédentinaire (non encore minéralisée), elle lie le collagène et participe à l'induction de la minéralisation. De plus, nos résultats ont montré que le fluor impacte différemment l'expression de l'asporine suivant le site de localisation : Il l'augmente dans l'émail et la diminue dans la dentine. Ces régulations inverses conduisent à une hypominéralisation de l'émail et de la dentine en présence d'un excès de fluor. L'asporine jouerait un rôle clé dans la physiopathologie de la fluorose, spécifiquement sur l'étape de maturation de l'émail (stade d'expression majeur de la protéine asporine).

La littérature concernant l'effet du fluor dans la dentine chez l'homme décrit une minéralisation perturbée avec une hypominéralisation de la dentine associée à une hyperminéralisation de la dentine péritubulaire (sclérose) (Rojas-Sánchez *et al.,* 2007). Nous avons mis en évidence l'hypominéralisation de la dentine fluorotique par une approche histologique de coloration à l'Hématoxyline-Eosine. Avec cette technique, nous avons observé que l'épaisseur de la prédentine est augmentée avec la présence de calcosphérites selon un effet dose-dépendant de NaF. L'hypominéralisation de la dentine a été aussi confirmée par deux autres techniques :

- La diffraction aux rayons X, nous a permis d'affirmer que l'organisation cristalline de l'apatite fluorotique est différente avec notamment une différence de morphologie et une augmentation de la cristallinité.
- L'EDX quantifiant une diminution du rapport Ca/P de la dentine fluorotique.

Concernant la présence de l'asporine dans l'émail (et les améloblastes) (Houari *et al.,* 2014), nous nous sommes également intéressés à l'étude du TGF-ß et de son récepteur de type I (R1-TGF-ß) car le rôle anti-minéralisation de l'asporine peut être dû à sa liaison au TGF-ß dans le cartilage et le PDL. Dans ces tissus la minéralisation ne doit pas avoir lieu afin d'éviter la fusion de l'os avec le cartilage ou le ligament et l'asporine tient son rôle anti-minéralisant. Nos résultats n'ont pas révélé de modulations des taux d'ARN TGF-ß ou R1-TGF-ß ni dans l'émail ni dans la dentine, éliminant donc l'hypothèse d'une fonction strictement dépendante de ce ligand.

D'autre part, ce double-rôle de l'asporine sur la minéralisation, également retrouvé chez les SIBLINGs (Veis et Dorvee, 2012 ; George et Veis, 2008), est très probablement expliqué par un contexte cellulaire différent (cellules souches pulpaires versus cellules du ligament alvéolo-dentaire). Cette double fonction de l'asporine pourra être clarifiée par des modèles futurs de souris invalidées de façon tissu-spécifique.

Bien que l'asporine ne soit pas présente dans les tissus minéralisés (dentine et os), sans synthèse initiale de l'asporine dans les phases précoces de minéralisation, cette dernière ne peut pas avoir lieu. Par comparaison, une étude a mis en évidence la caractérisation des phénotypes dentaires de souris déficientes pour deux SLRPs : le biglycan (BGN KO) et la décorine (DCN KO). Chacune des déficiences a résulté en des effets spécifiques sur la formation de la dentine et de l'émail. La dentine est hypominéralisée chez chacune des souris KO (phénotype plus sévère en l'absence de décorine). Concernant l'émail, sa formation est très augmentée chez les souriceaux déficients en biglycan alors qu'il est retardé pour ceux déficients en décorine. L'augmentation de la formation de l'émail résulte en une augmentation de la synthèse de l'amélogénine alors que le retard de sa formation dans le cas des souris DCN KO est probablement une conséquence indirecte de la forte porosité de la dentine sous jacente (plus hypominéralisée) (Goldberg *et al.,* 2005).

Enfin, nous pouvons mentionner que l'asporine est très probablement impliquée dans d'autres processus. En effet, de très nombreuses études épidémiologiques montrent qu'elle peut être utilisée comme marqueur de l'ostéoarthrite dans certaines populations (Loughlin, 2011 ; Duval *et al.,* 2011 ; Sakao *et al.,* 2009 ; Gruber *et al.,* 2009 ; Atif *et al.,* 2008 ; Nakajima *et al.,* 2007) en fonction de son polymorphisme D 13 ou D14 (nombre d'acide aspartiques dans la partie N-terminale).

Par ailleurs, des études protéomiques à grandes échelles font ressortir l'asporine comme marqueur de tumeurs (Turtoi *et al.,* 2011 ; Klee *et al.,* 2012)

Toutes ces données très récentes posent la question du rôle de l'asporine et demandent à étudier cette protéine en détail pour savoir si elle tient une fonction commune dans ces différentes pathologies ou si à travers les différents partenaires avec qui elle peut interagir, elle peut tenir des fonctions différentes.

1.3 Exposition au fluor et décoloration de l'émail: implication du métabolisme du fer

Mis à part l'hypominéralisation de l'émail, l'autre grande caractéristique des fluoroses est l'altération de la coloration de l'émail. Soit par des taches blanches opaques (sans doute directement liées à l'hypominéralisation), soit par des colorations brunes encore inexpliquées.

Les améloblastes des incisives des rongeurs au stade de maturation recrutent, stockent et libèrent (au stade de post-pigmentation) de grandes quantités de fer lors des stades terminaux de la minéralisation de l'émail (McKee *et al.,* 1987 ; Takano *et al.,* 1981 ; Lacruz *et al.,* 2013).

Le fer serait libéré sous forme de pigment contenant de la ferritine (Takano et Ozawa, 1981 ; Karim et Warshawsky, 1984). La couche riche en fer représente seulement 5 à 15 µm d'épaisseur (Heap *et al.,* 1983) et selon une étude détaillée récente menée sur l'incisive de musaraigne, la couche pigmentée orangée correspond à du fer en une phase magnétite (Dumont *et al.,* 2014).

Nos résultats sur les souris HFt apportent une aide précieuse à la compréhension, non seulement du rôle du fer dans la dent de rongeur, mais surtout du mécanisme d'action du fluor expliquant la fluorose dentaire qui demeure à ce jour inconnue. Les résultats obtenus demandent à être complétés au niveau protéique notamment, pour approcher le mécanisme d'action mis en jeu dans les modulations du métabolisme du fer par le fluor. Ces résultats seront alors rassemblés dans un deuxième article.

L'accumulation du fer et surtout ses modulations dans les dents humaines demandent à être caractérisées.

Pathologies impliquant le fer et présentant des manifestations dentaires :

- Les bêta-thalassémies, appelées aussi « maladies des globules rouges », se caractérisent par l'absence de la chaîne β de l'hémoglobine. Il s'agit de maladies génétiques atteignant la production de l'hémoglobine. Ce sont des formes d'anémies héréditaires associées à une hémoglobinopathie (déficience dans la synthèse d'une ou de plusieurs des quatre chaînes formant l'hémoglobine des globules rouges). Cela se traduit par une anémie assez importante. Chez les patients malades, leurs dents accumulent une grande quantité de fer dû au fait qu'ils sont transfusés en sang riche en fer quotidiennement (Garfunkel *et al.,* 1979)

- La porphyrie est une affection caractérisée par la présence, dans l'organisme, de quantités massives de porphyrines, molécules précurseurs de l'hème (partie non-protéique de l'hémoglobine). Elle est provoquée par un trouble du métabolisme des dérivés pyrroliques. Au niveau dentaire, la manifestation clinique de cette pathologie est la présence de dents rouges (due à la porphyrine qui est un pigment photo sensible qui devient violet rouge après exposition à la lumière) mais parfois l'aspect strié est retrouvé.

- Le cas des tétracyclines : Elles peuvent provoquer des altérations irréversibles de coloration, jaunâtre si elles sont administrées pendant le temps de formation de la dent, c'est-à-dire pendant la vie fœtale ou chez le jeune enfant. Ces colorations peuvent éventuellement devenir grises ou brunes avec le temps et ont la caractéristique d'être en forme de bandes (cas avancés) allant du jaune au brun en passant par le gris et le bleu. Les tétracyclines forment, par chélation avec le calcium, un complexe insoluble qui subit ensuite une oxydation conduisant aux colorations décrites. De plus, il a été montré que la tétracycline est un chélateur du fer laissant suggérer qu'une altération du métabolisme du fer peut expliquer des discolorations améllaires (Albert et Rees, 1956 ; Skinner et Nalbandian, 1975 ; Kerley et Kollar, 1979). Les modèles animaux de rongeurs exposés à ces agents pourraient permettre d'approcher ces mécanismes.

1.4 Diminution du seuil de sensibilité au fluor et hypothèses des co-expositions

La diminution du seuil de sensibilité au fluor encore inexpliquée a été reportée ces dernières années et remet en question le traitement préventif systématique au fluor (Khan *et al.,* 2005). Marqueur biologique de l'intoxication chronique aux fluorures, la fluorose dentaire ne reflète cependant que les effets de leur ingestion excessive au cours des premières années de la vie, période de minéralisation des dents permanentes, avant leur éruption.

Durant les deux dernières décennies, l'exposition grandissante aux fluorures dans ces différentes formes et sources explique (en partie) l'augmentation de la prévalence des formes moyennes à modérées de fluoroses dentaires dans de nombreuses communautés (Amérique, Afrique, Asie, Australie).

Le fluor, pourtant indiqué pour prévenir les caries, devient un agent hypominéralisant de l'émail à des doses excessives. Or, des études épidémiologiques montrent des prévalences élevées de la fluorose même dans les régions où les doses de fluor dans les eaux sont optimales (Sudhir *et al.*, 2009; Shekar *et al.*, 2012) suggérant une diminution de la sensibilité au fluor (Khan *et al.*, 2005).

Comme nous l'avons mentionné en début de discussion, des données épidémiologiques montrent des prévalences élevées de la fluorose même dans des régions où les doses de fluor dans les eaux sont optimales (Sudhir *et al.*, 2009; Shekar *et al.*, 2012). Ces données amènent à penser que certains facteurs pourraient induire une fluorose même dans les conditions « normales » d'exposition au fluor. Cette hypothèse est étayée par les données expérimentales récentes montrant que la combinaison du fluor avec d'autres substances comme la dioxine (Salmela *et al.*, 2010), le plomb (Leite *et al.*, 2011) ou l'amoxicilline (Sahlberg *et al.*, 2013) conduit à des défauts dentaires importants. Un point supplémentaire qui figure dans les études épidémiologiques portant sur le fluor, suscite la curiosité. Certains auteurs signalent que les garçons sont plus atteints que les filles par la fluorose (Shekar *et al.*, 2012; Narwaria *et al.*, 2013).

Concernant l'amoxicilline, il a été suggéré que son utilisation pendant l'enfance est associée à des défauts amélaires des dents permanentes. Les opacités diffuses résultantes, dues probablement à une hypominéralisation, sont différentes de celles des tétracyclines (Hong *et al.*, 2005). Cependant, il n'existe aucune preuve permettant de faire la corrélation entre la prescription de l'amoxicilline pendant l'enfance et le développement d'hypominéralisations (Ciarrocchi *et al.*, 2012 pour revue). Une étude récente, menée sur des germes de molaires de souris *in vitro*, montre que la combinaison de l'amoxicilline et du fluor à faibles doses impacte la formation de l'émail. Cependant, l'amoxicilline seul ou le fluor seul n'agissent qu'à forte dose. Aucune données ni signification clinique n'est disponible sur le sujet (Sahlberg *et al.*, 2013).

Concernant le plomb, son accumulation dans les tissus dentaires a été le sujet de plusieurs études menées dans différents pays. Son accumulation est dose-dépendante. Ainsi, la mesure de la concentration du plomb dans la dent a pu être utilisée comme un indice rétrospectif du taux et de la durée d'exposition de certaines populations (Steenhout et Pourtois, 1981; Gulson et Wilson, 1994; Costa de Almeida *et al.*, 2011). Le plomb incorporé dans l'émail indique une exposition pendant la vie intra-utérine et les premières années post-partum, tandis que le plomb retenu dans la dentine indique une exposition après le développement de la dent (Kamberi *et al.*, 2012 - pour revue). Il peut être accumulé aussi bien dans les dents déciduales que dans les dents permanentes. Sa distribution n'est pas homogène au sein d'une même dent et sa concentration diffère en fonction du type de la dent analysée (incisive, canine etc.) (Kamberi et al., 2012 - pour revue). Leite et al., en 2011 ont montré par une étude expérimentale menée sur les rongeurs que le plomb exacerbe la fluorose suggérant que l'exposition simultanée au plomb et au fluor pourrait affecter le degré de sévérité de la fluorose.

Concernant le cadmium, une étude ancienne rapporte une décoloration jaunâtre des dents humaines exposées à une intoxication chronique industrielle par l'hydrate de cadmium. Son signe précoce étant l'apparence « d'une bague jaune dentaire » (Barthelemy et Moline, 1946). L'effet du cadmium n'a pas été rapporté depuis.

Des données très intéressantes ont été rapportées sur l'association du fluor avec la dioxine (Salmela et al., 2011). Les dioxines et les composés aromatiques tricycliques chlorés sont présents dans les fumées émises par les incinérateurs d'ordures ménagères, par l'industrie métallurgique et au cours de différents processus de combustion. Ces molécules sont très lipophiles et s'accumulent dans les graisses contaminant ainsi la chaîne alimentaire. Le lait maternel a été identifié comme source potentielle régulière de contamination post-natale (Maurin, 2005 pour revue). Il a été démontré que la dioxine 2,3,7,8- tetrachlorodibenzo-p (TCDD) perturbe la minéralisation de l'émail de l'incisive de rat (Kiukkonen *et al.,* 2002; Gao *et al.,* 2004). Une étude menée *in vitro* sur des germes de molaires de souris montre que la combinaison de la dioxine avec le fluor à faibles doses impacte les améloblastes dans les phases de sécrétion et de maturation, alors que chacun pris séparément aux mêmes doses ne montre pas d'impact sur l'émail (Salmela *et al.,* 2011). Cela traduit un effet synergique des deux substances. Les dioxines ont fait l'objet d'autres études, les corrélant avec une pathologie amélaire particulière appelée «Hypominéralisation des molaires et des incisives» (MIH) (Alaluusua *et al.,* 1999). L'analyse des hypominéralisations résultant de l'exposition à des combinaisons de molécules hypominéralisantes serait donc très informative. En effet, on peut se demander s'il s'agit de fluoroses telles qu'elles ont été décrites après exposition chronique au fluor. Une autre possibilité serait que les caractéristiques structurales et biochimiques de ces « nouvelles » hypominéralisations soient différentes (des fluoroses). Et dans ce cas, il serait intéressant de caractériser les mécanismes, voire les modulations de gènes cibles, conduisant à ces défauts.

Ainsi, très récemment dans le laboratoire, nous avons mis en évidence l'implication d'un perturbateur endocrinien retrouvé dans les plastiques et résines, le Bisphénol A (BPA) dans l'apparition de défauts de l'émail durant une fenêtre temporelle précise d'exposition suggérant un rôle d'agent causal dans l'anomalie de structure affectant les premières molaires et les incisives permanentes : le MIH (Jedeon *et al.,* 2013). Dans ce contexte ainsi que dans celui de l'augmentation de la sensibilité au fluor, il serait intéressant d'observer le phénotype dentaire de rats exposés à un co-traitement fluor et BPA et de faire éventuellement des analyses du minéral ainsi que d'analyser l'impact synergique et/ou antagoniste de ces deux agents hypominéralisants sur les différentes cibles du fluor, sur les protéines du métabolisme du fer mais aussi sur l'expression des protéines matricielles de l'émail.

1.5 Caractérisation des fluoroses en clinique et des différentes formes d'hypominéralisations amélaires

En conclusion, comme tous les individus sont confrontés simultanément à des combinaisons de centaines de molécules actives pouvant pour certaines, comme le fluor, la dioxine, l'amoxicilline, les tétracyclines, le bisphénol A... conduire à des hypominéralisations amélaires. Il serait important de caractériser ces défauts non seulement sur des modèles animaux mais également en clinique. En effet, la caractérisation du minéral de dents humaines fluorotiques en comparant les défauts obtenus dans d'autres pathologies permettrait sans doute de comprendre les baisses de seuil de sensibilité au fluor rapportées dans plusieurs publications ces dernières années.

BIBLIOGRAPHIE

Sites internet :

(1)http://www.medix.free.fr/cours/intoxications-metalliques-metalloidiques.php.

(2)http://fr.wikipedia.org/wiki/Fluor.

(3)http://spiralconnect.univ-lyon1.fr/spiral-files/download?mode=inline&data=1903402

Cours : L'amélogenèse. Dr Brigitte Alliot-Licht. Année 2012-2013.

(4)http://spiralconnect.univ-lyon1.fr/spiral-files/download?mode=inline&data=1820665

Cours : La dentinogenèse Dr Jean-Christophe Farges. Année 2012-2013.

1. Abboud S, Haile DJ. A novel mammalian iron-regulated protein involved in intracellular iron metabolism. J. Biol. Chem. 2000 Jun 30;275(26):19906–12.

2. Addison WHG, Appleton JI. The structure and growth of the incisor teeth of the albino rat. J. Morphol., 1915,; 26;43-96.

3. Agence Française de Sécurité Sanitaire des Produits de Santé. http://www.afssaps.fr/Infos-de-securite/Mises-au-point/Fluor-et-prevention-de-la-cariedentaire-mise-au-point.

4. Aisen P, Leibman A, Zweier J. Stoichiometric and site characteristics of the binding of iron to human transferrin. J. Biol. Chem. 1978 Mar 25;253(6):1930–7.

5. Aisen P. Transferrin receptor 1. Int. J. Biochem. Cell Biol. 2004 Nov;36(11):2137–43.

6. Akpata ES. Occurrence and management of dental fluorosis. Int Dent J. 2001 Oct;51(5):325–33.

7. Alaluusua S, Lukinmaa PL, Torppa J, Tuomisto J, Vartiainen T. Developing teeth as biomarker of dioxin exposure. Lancet. 1999 Jan 16;353(9148):206.

8. Alaluusua S, Kiviranta H, Leppäniemi A, Hölttä P, Lukinmaa P-L, Lope L, Järvenpää A-L, Renlund M, Toppari J, Virtanen H, Kaleva M, Vartiainen T. Natal and neonatal teeth in relation to environmental toxicants. Pediatr. Res. 2002 Nov;52(5):652–5.

9. Albert A, Rees CW. Avidity of the tetracyclines for the cations of metals. Nature. 1956 Mar 3;177(4505):433–4.

10. Aldred AR, Grimes A, Schreiber G, Mercer JF. Rat ceruloplasmin. Molecular cloning and gene expression in liver, choroid plexus, yolk sac, placenta, and testis. J. Biol. Chem. 1987 Feb 25;262(6):2875–8.

11. Alves KMRP, Franco KS, Sassaki KT, Buzalaf MAR, Delbem ACB. Effect of iron on enamel demineralization and remineralization in vitro. Arch. Oral Biol. 2011 Nov;56(11):1192–8.

12. Andrews NC. Disorders of iron metabolism. N. Engl. J. Med. 1999 Dec 23;341(26):1986–95.

13. Andrews NC. The iron transporter DMT1. Int. J. Biochem. Cell Biol. 1999

Oct;31(10):991–4.

14.   Aoba T, Fejerskov O. Dental fluorosis: chemistry and biology. Crit. Rev. Oral Biol. Med. 2002;13(2):155–70.

15.   Aoba T, Moreno EC, Tanabe T, Fukae M. Effects of fluoride on matrix proteins and their properties in rat secretory enamel. J. Dent. Res. 1990 Jun;69(6):1248–55.

16.   Araki S. [Ultrastructural changes in rat-incisor odontoblasts and dentin caused by administration of sodium fluoride]. Shikwa Gakuho. 1989 Jan;89(1):49–91.

17.   Arana-Chavez VE, Massa LF. Odontoblasts: the cells forming and maintaining dentine. Int. J. Biochem. Cell Biol. 2004 Aug;36(8):1367–73.

18.   Arosio P, Yokota M, Drysdale JW. Structural and immunological relationships of isoferritins in normal and malignant cells. Cancer Res. 1976 May;36(5):1735–9.

19.   Arosio P, Levi S. Ferritin, iron homeostasis, and oxidative damage. Free Radic. Biol. Med. 2002 Aug 15;33(4):457–63.

20.   Atif U, Philip A, Aponte J, Woldu EM, Brady S, Kraus VB, Jordan JM, Doherty M, Wilson AG, Moskowitz RW, Hochberg M, Loeser R, Renner JB, Chiano M. Absence of association of asporin polymorphisms and osteoarthritis susceptibility in US Caucasians. Osteoarthr. Cartil. 2008 Oct;16(10):1174–7.

21.   Atlan A, Denis M, Tirlet G, Attal JP. L'érosion-infiltration: un nouveau traitement des taches blanches de l'émail. Clinic 2012 (Hors série l'esthétique à la française): 23–9.

22.   Atlas d'histologie humaine et animale. version 1.2, Mars 2007.

23.   Attieh ZK, Mukhopadhyay CK, Seshadri V, Tripoulas NA, Fox PL. Ceruloplasmin ferroxidase activity stimulates cellular iron uptake by a trivalent cation-specific transport mechanism. J. Biol. Chem. 1999 Jan 8;274(2):1116–23.

24.   Aubail A, Dietz R, Rigét F, Sonne C, Wiig Ø, Caurant F. Temporal trend of mercury in polar bears (Ursus maritimus) from Svalbard using teeth as a biomonitoring tissue. J Environ Monit. 2012 Jan;14(1):56–63.

25.   Azami-Aghdash S, Ghojazadeh M, Pournaghi Azar F, Naghavi-Behzad M, Mahmoudi M, Jamali Z. Fluoride concentration of drinking waters and prevalence of fluorosis in iran: a systematic review. J Dent Res Dent Clin Dent Prospects. 2013;7(1):1–7.

26.   Bäckman B, Holm AK. Amelogenesis imperfecta: prevalence and incidence in a northern Swedish county. Community Dent Oral Epidemiol. 1986 Feb;14(1):43–7.

27.   Barbier O, Arreola-Mendoza L, Del Razo LM. Molecular mechanisms of fluoride toxicity. Chemico-Biological Interactions. 2010 Nov;188(2):319–33.

28.   Baron R, Kneissel M. WNT signaling in bone homeostasis and disease: from human mutations to treatments. Nat. Med. 2013 Feb;19(2):179–92.

29.   Barron MJ, Brookes SJ, Draper CE, Garrod D, Kirkham J, Shore RC, Dixon MJ. The cell adhesion molecule nectin-1 is critical for normal enamel formation in mice. Hum. Mol. Genet. 2008 Nov 15;17(22):3509–20.

30.   Barthelemy P. and Moline R. Intoxication chronique par l'hydrate de cadmium, son signe précoce: la bague jaune dentaire, ParisMed. 36:7,1946.

31.   Bartlett JD. Dental Enamel Development: Proteinases and Their Enamel Matrix

Substrates. ISRN Dent. 2013;2013:684607.

32. Bartlett JD, Skobe Z, Nanci A, Smith CE. Matrix metalloproteinase 20 promotes a smooth enamel surface, a strong dentino-enamel junction, and a decussating enamel rod pattern: Mmp20 null mouse enamel. European Journal of Oral Sciences. 2011 Dec;119:199–205.

33. Baume LJ. The biology of pulp and dentine. A historic, terminologic-taxonomic, histologic-biochemical, embryonic and clinical survey. Monogr Oral Sci. 1980;8:1–220.

34. Bawden JW, Wennberg A, Hammarström L. In vivo and in vitro study of 59Fe uptake in developing rat molars. Acta Odontol. Scand. 1978;36(5):271–7.

35. Baylink D, Wergedal J, Thompson E. Loss of proteinpolysaccharides at sites where bone mineralization is initiated. J. Histochem. Cytochem. 1972 Apr;20(4):279–92.

36. Beaumont C, Karim Z. [Iron metabolism: State of the art]. Rev Med Interne. 2013 Jan;34(1):17–25.

37. Bellows CG, Aubin JE, Heersche JN. Initiation and progression of mineralization of bone nodules formed in vitro: the role of alkaline phosphatase and organic phosphate. Bone Miner. 1991 Jul;14(1):27–40.

38. Beltrán-Aguilar ED, Barker LK, Canto MT, Dye BA, Gooch BF, Griffin SO, Hyman J, Jaramillo F, Kingman A, Nowjack-Raymer R, Selwitz RH, Wu T, Control C for D, (CDC) P. Surveillance for dental caries, dental sealants, tooth retention, edentulism, and enamel fluorosis–United States, 1988-1994 and 1999-2002. Morbidity and mortality weekly report. Surveillance summaries (Washington, D.C.: 2002). 2005 Aug;54(3):1–43.

39. Beniash E, Traub W, Veis A, Weiner S. A transmission electron microscope study using vitrified ice sections of predentin: structural changes in the dentin collagenous matrix prior to mineralization. J. Struct. Biol. 2000 Dec;132(3):212–25.

40. Berdal A, Hotton D, Pike JW, Mathieu H, Dupret JM. Cell- and stage-specific expression of vitamin D receptor and calbindin genes in rat incisor: regulation by 1,25-dihydroxyvitamin D3. Dev. Biol. 1993 Jan;155(1):172–9.

41. Berkovitz BK, Heap PF. The effect of fluoride on iron, calcium and phosphorus distribution in the rat incisor. Caries Res. 1976;10(5):337–51.

42. Bernstein DS, Sadowsky N, Hegsted DM, Guri CD, Stare FJ. Prevalence of osteoporosis in high- and low-fluoride areas in North Dakota. JAMA. 1966 Oct 31;198(5):499–504.

43. Bijsterbosch J, Kloppenburg M, Reijnierse M, Rosendaal FR, Huizinga TWJ, Slagboom PE, Meulenbelt I. Association study of candidate genes for the progression of hand osteoarthritis. Osteoarthr. Cartil. 2013 Apr;21(4):565–9.

44. Bleicher F. Odontoblast physiology. Exp. Cell Res. 2013 Dec 18;

45. Boskey A, Spevak L, Tan M, Doty SB, Butler WT. Dentin sialoprotein (DSP) has limited effects on in vitro apatite formation and growth. Calcif. Tissue Int. 2000 Dec;67(6):472–8.

46. Boskey AL, Maresca M, Doty S, Sabsay B, Veis A. Concentration-dependent effects of dentin phosphophoryn in the regulation of in vitro hydroxyapatite formation and growth. Bone Miner. 1990 Oct;11(1):55–65.

47. Boukpessi T, Septier D, Bagga S, Garabedian M, Goldberg M, Chaussain-Miller C. Dentin

alteration of deciduous teeth in human hypophosphatemic rickets. Calcif. Tissue Int. 2006 Nov;79(5):294–300.

48. Bourgoin SG, Harbour D, Poubelle PE. Role of protein kinase C alpha, Arf, and cytoplasmic calcium transients in phospholipase D activation by sodium fluoride in osteoblast-like cells. J. Bone Miner. Res. 1996 Nov;11(11):1655–65.

49. Bowden GH. Effects of fluoride on the microbial ecology of dental plaque. J. Dent. Res. 1990 Feb;69 Spec No:653–659; discussion 682–683.

50. Boyde A. Microstructure of enamel. Ciba Found. Symp. 1997;205:18–27; discussion 27–31.

51. Boyde A, Switsur VR, Fearnhead RW. Application of the scanning electron-probe x-ray microanalyser to dental tissues. J. Ultrastruct. Res. 1961 Jun;5:201–7.

52. Bronckers ALJJ, Lyaruu DM, Bervoets TJM, Wöltgens JHM. Fluoride enhances intracellular degradation of amelogenins during secretory phase of amelogenesis of hamster teeth in organ culture. Connect. Tissue Res. 2002;43(2-3):456–65.

53. Bronckers ALJJ, Lyaruu DM, DenBesten PK. The Impact of Fluoride on Ameloblasts and the Mechanisms of Enamel Fluorosis. Journal of Dental Research. 2009 Sep 25;88(10):877–93.

54. Bronckers ALJJ, Bervoets TJM, Wöltgens JHM, Lyaruu DM. Effect of calcium, given before or after a fluoride insult, on hamster secretory amelogenesis in vitro. Eur. J. Oral Sci. 2006 May;114 Suppl 1:116–122; discussion 127–129, 380.

55. Butcher EO. Pigment formation in the rats incisor. J. Dent. Res. 1953 Feb;32(1):133–7.

56. Butler WJ, Segreto V, Collins E. Prevalence of dental mottling in school-aged lifetime residents of 16 Texas communities. Am J Public Health. 1985 Dec;75(12):1408–12.

57. Butler WT, Ritchie H. The nature and functional significance of dentin extracellular matrix proteins. Int. J. Dev. Biol. 1995 Feb;39(1):169–79.

58. Butler WT, Brunn JC, Qin C, McKee MD. Extracellular matrix proteins and the dynamics of dentin formation. Connect. Tissue Res. 2002;43(2-3):301–7.

59. Buzalaf MAR, de Moraes Italiani F, Kato MT, Martinhon CCR, Magalhães AC. Effect of iron on inhibition of acid demineralisation of bovine dental enamel in vitro. Arch. Oral Biol. 2006 Oct;51(10):844–8.

60. Cadet E, Gadenne M, Capron D, Rochette J. [Advances in iron metabolism: a transition state]. Rev Med Interne. 2005 Apr;26(4):315–24.

61. Caltagirone A, Weiss G, Pantopoulos K. Modulation of cellular iron metabolism by hydrogen peroxide. Effects of H2O2 on the expression and function of iron-responsive element-containing mRNAs in B6 fibroblasts. J. Biol. Chem. 2001 Jun 8;276(23):19738–45.

62. Casey JL, Hentze MW, Koeller DM, Caughman SW, Rouault TA, Klausner RD, Harford JB. Iron-responsive elements: regulatory RNA sequences that control mRNA levels and translation. Science. 1988 May 13;240(4854):924–8.

63. Catón J, Bringas P Jr, Zeichner-David M. Establishment and characterization of an immortomouse-derived odontoblast-like cell line to evaluate the effect of insulin-like growth factors on odontoblast differentiation. J. Cell. Biochem. 2007 Feb 1;100(2):450–

63.

64.   Caverzasio J, Palmer G, Bonjour JP. Fluoride: mode of action. Bone. 1998;22(6):585–9.

65.   Celik EU, Yıldız G, Yazkan B. Comparison of enamel microabrasion with a combined approach to the esthetic management of fluorosed teeth. Oper Dent. 2013 Oct;38(5):E134–143.

66.   Chachra D, Limeback H, Willett TL, Grynpas MD. The long-term effects of water fluoridation on the human skeleton. J. Dent. Res. 2010 Nov;89(11):1219–23.

67.   Chachra D, Vieira APGF, Grynpas MD. Fluoride and mineralized tissues. Crit Rev Biomed Eng. 2008;36(2-3):183–223.

68.   Chang Y-C, Chou M-Y. Cytotoxicity of fluoride on human pulp cell cultures in vitro. Oral Surgery, Oral Medicine, Oral Pathology, Oral Radiology, and Endodontology. 2001 Feb;91(2):230–4.

69.   Chavassieux P, Boivin G, Serre CM, Meunier PJ. Fluoride increases rat osteoblast function and population after in vivo administration but not after in vitro exposure. Bone. 1993 Oct;14(5):721–5.

70.   Chawla N, Messer LB, Silva M. Clinical studies on molar-incisor-hypomineralisation part 2: development of a severity index. Eur Arch Paediatr Dent. 2008 Dec;9(4):191–9.

71.   Chen CC, Boskey AL. Mechanisms of proteoglycan inhibition of hydroxyapatite growth. Calcif. Tissue Int. 1985 Jul;37(4):395–400.

72.   Chen D, Zhao M, Mundy GR. Bone morphogenetic proteins. Growth Factors. 2004 Dec;22(4):233–41.

73.   Chen H, Czajka-Jakubowska A, Spencer NJ, Mansfield JF, Robinson C, Clarkson BH. Effects of Systemic Fluoride and in vitro Fluoride Treatment on Enamel Crystals. Journal of Dental Research. 2006 Nov 1;85(11):1042–5.

74.   Chen H, Su T, Attieh ZK, Fox TC, McKie AT, Anderson GJ, Vulpe CD. Systemic regulation of Hephaestin and Ireg1 revealed in studies of genetic and nutritional iron deficiency. Blood. 2003 Sep 1;102(5):1893–9.

75.   Chen S, Birk DE. The regulatory roles of small leucine-rich proteoglycans in extracellular matrix assembly. FEBS J. 2013 May;280(10):2120–37.

76.   Choubisa SL, Choubisa L, Choubisa DK. Endemic fluorosis in Rajasthan. Indian J Environ Health. 2001 Oct;43(4):177–89.

77.   Chung G, Jung SJ, Oh SB. Cellular and molecular mechanisms of dental nociception. J. Dent. Res. 2013 Nov;92(11):948–55.

78.   Church WR, Jernigan RL, Toole J, Hewick RM, Knopf J, Knutson GJ, Nesheim ME, Mann KG, Fass DN. Coagulation factors V and VIII and ceruloplasmin constitute a family of structurally related proteins. Proc. Natl. Acad. Sci. U.S.A. 1984 Nov;81(22):6934–7.

79.   Ciarrocchi I, Masci C, Spadaro A, Caramia G, Monaco A. Dental enamel, fluorosis and amoxicillin. Pediatr Med Chir. 2012 Jun;34(3):148–54.

80.   Claudon M, Viallard Y, Elmerich A. [Hydrotelluric fluorotic intoxication in North Yemen. First results (author's transl)]. Med Trop (Mars). 1982 Jun;42(3):327–37.

81.   Colin Robinson, Jennifer Kirkham, Brookes SJ, Bonass WA, Shore R. The chemistry of

enamel development. Int.J.Dev.Biol.1995;39: 45-152.

82. Collins JF. Gene chip analyses reveal differential genetic responses to iron deficiency in rat duodenum and jejunum. Biol. Res. 2006;39(1):25–37.

83. Cook JD, Hershko C, Finch CA. Storage iron kinetics. V. Iron exchange in the rat. Br. J. Haematol. 1973 Dec;25(6):695–706.

84. Cooper LF, Zhou Y, Takebe J, Guo J, Abron A, Holmén A, Ellingsen JE. Fluoride modification effects on osteoblast behavior and bone formation at TiO2 grit-blasted c.p. titanium endosseous implants. Biomaterials. 2006 Feb;27(6):926–36.

85. Corsi B, Cozzi A, Arosio P, Drysdale J, Santambrogio P, Campanella A, Biasiotto G, Albertini A, Levi S. Human mitochondrial ferritin expressed in HeLa cells incorporates iron and affects cellular iron metabolism. J. Biol. Chem. 2002 Jun 21;277(25):22430–7.

86. Costa de Almeida GR, de Sousa Guerra C, de Angelo Souza Leite G, Antonio RC, Barbosa F Jr, Tanus-Santos JE, Gerlach RF. Lead contents in the surface enamel of primary and permanent teeth, whole blood, serum, and saliva of 6- to 8-year-old children. Sci. Total Environ. 2011 Apr 15;409(10):1799–805.

87. Crombie FA, Manton DJ, Weerheijm KL, Kilpatrick NM. Molar incisor hypomineralization: a survey of members of the Australian and New Zealand Society of Paediatric Dentistry. Aust Dent J. 2008 Jun;53(2):160–6.

88. d'Arbonneau F., Foray H. Hypominéralisation molaires incisives. EMC, 2010.

89. Dai S., Ren D., Ma S. The cause of endemic fluorosis in western Guizhou Province, Southwest China. Fuel, 2004,;83.

90. Daimon M, Yamatani K, Igarashi M, Fukase N, Kawanami T, Kato T, Tominaga M, Sasaki H. Fine structure of the human ceruloplasmin gene. Biochem. Biophys. Res. Commun. 1995 Mar 28;208(3):1028–35.

91. Danielson KG, Fazzio A, Cohen I, Cannizzaro LA, Eichstetter I, Iozzo RV. The human decorin gene: intron-exon organization, discovery of two alternatively spliced exons in the 5' untranslated region, and mapping of the gene to chromosome 12q23. Genomics. 1993 Jan;15(1):146–60.

92. Davison A.W., Rand A.W. and Belts W.E. Measurement of atmospheric fluoride concentrations in urban areas; Environmental Pollution5, 1973,;23-23.

93. Dean HT. Fluorine and dental caries. Am J Orthod. 1947 Feb;33(2):49–67.

94. Dean HT. Fluorine in the control of dental caries. J Am Dent Assoc. 1956 Jan;52(1):1–8.

95. Degraff DJ, Aguiar AA, Sikes RA. Disease evidence for IGFBP-2 as a key player in prostate cancer progression and development of osteosclerotic lesions. Am J Transl Res. 2009;1(2):115–30.

96. Delbem ACB, Alves KMRP, Sassaki KT, Moraes JCS. Effect of iron II on hydroxyapatite dissolution and precipitation in vitro. Caries Res. 2012;46(5):481–7.

97. Den Besten PK. Effects of fluoride on protein secretion and removal during enamel development in the rat. J. Dent. Res. 1986 Oct;65(10):1272–7.

98. Denbesten PK, Crenshaw MA, Wilson MH. Changes in the fluoride-induced modulation of maturation stage ameloblasts of rats. J. Dent. Res. 1985 Dec;64(12):1365–70.

99.   Denbesten P, Li W. Chronic fluoride toxicity: dental fluorosis. Monogr Oral Sci. 2011;22:81–96.

100.   DenBesten PK, Yan Y, Featherstone JDB, Hilton JF, Smith CE, Li W. Effects of fluoride on rat dental enamel matrix proteinases. Arch. Oral Biol. 2002 Nov;47(11):763–70.

101.   Denis M, Atlan A, Vennat E, Tirlet G, Attal J-P. White defects on enamel: diagnosis and anatomopathology: two essential factors for proper treatment (part 1). Int Orthod. 2013 Jun;11(2):139–65.

102.   Dequeker J, Declerck K. Fluor in the treatment of osteoporosis. An overview of thirty years clinical research. Schweiz Med Wochenschr. 1993 Nov 27;123(47):2228–34.

103.   Desnoyers L, Arnott D, Pennica D. WISP-1 binds to decorin and biglycan. J. Biol. Chem. 2001 Dec 14;276(50):47599–607.

104.   Donovan A, Brownlie A, Zhou Y, Shepard J, Pratt SJ, Moynihan J, Paw BH, Drejer A, Barut B, Zapata A, Law TC, Brugnara C, Lux SE, Pinkus GS, Pinkus JL, Kingsley PD, Palis J, Fleming MD, Andrews NC, Zon LI. Positional cloning of zebrafish ferroportin1 identifies a conserved vertebrate iron exporter. Nature. 2000 Feb 17;403(6771):776–81.

105.   Drysdale J, Arosio P, Invernizzi R, Cazzola M, Volz A, Corsi B, Biasiotto G, Levi S. Mitochondrial ferritin: a new player in iron metabolism. Blood Cells Mol. Dis. 2002 Dec;29(3):376–83.

106.   Ducy P, Desbois C, Boyce B, Pinero G, Story B, Dunstan C, Smith E, Bonadio J, Goldstein S, Gundberg C, Bradley A, Karsenty G. Increased bone formation in osteocalcin-deficient mice. Nature. 1996 Aug 1;382(6590):448–52.

107.   Dumont M, Tütken T, Kostka A, Duarte MJ, Borodin S. Structural and functional characterization of enamel pigmentation in shrews. J. Struct. Biol. 2014 Feb 17;

108.   Duval E, Bigot N, Hervieu M, Kou I, Leclercq S, Galéra P, Boumediene K, Baugé C. Asporin expression is highly regulated in human chondrocytes. Mol. Med. 2011;17(7-8):816–23.

109.   Ehrenwald E, Fox PL. Role of endogenous ceruloplasmin in low density lipoprotein oxidation by human U937 monocytic cells. J. Clin. Invest. 1996 Feb 1;97(3):884–90.

110.   Ekstrand J, Ziegler EE, Nelson SE, Fomon SJ. Absorption and retention of dietary and supplemental fluoride by infants. Adv. Dent. Res. 1994 Jul;8(2):175–80.

111.   Elfrink MEC, ten Cate JM, Jaddoe VWV, Hofman A, Moll HA, Veerkamp JSJ. Deciduous molar hypomineralization and molar incisor hypomineralization. J. Dent. Res. 2012 Jun;91(6):551–5.

112.   Embery G, Hall R, Waddington R, Septier D, Goldberg M. Proteoglycans in dentinogenesis. Crit. Rev. Oral Biol. Med. 2001;12(4):331–49.

113.   Emden G. and Lehnartz E. Uber dei Bedeutung von Ionen fur die Muskelfunktion. I.Die Wirkung vershiedener Amionen auf den Lacktacidogenwechesl im Frosch-muskelbrei. Hoppe-Seyler's Zeitschrift fur Physiologische Chemie. 1924,;134.

114.   Emekli-Alturfan E, Yarat A, Akyuz S. Fluoride levels in various black tea, herbal and fruit infusions consumed in Turkey. Food Chem. Toxicol. 2009 Jul;47(7):1495–8.

115.   Everett ET. Fluoride's Effects on the Formation of Teeth and Bones, and the Influence of Genetics. Journal of Dental Research. 2010 Oct 6;90(5):552–60.

116. Everett ET, McHenry MAK, Reynolds N, Eggertsson H, Sullivan J, Kantmann C, Martinez-Mier EA, Warrick JM, Stookey GK. Dental Fluorosis: Variability among Different Inbred Mouse Strains. Journal of Dental Research. 2002 Nov 1;81(11):794–8.

117. Farges J-C, Alliot-Licht B, Baudouin C, Msika P, Bleicher F, Carrouel F. Odontoblast control of dental pulp inflammation triggered by cariogenic bacteria. Front Physiol. 2013;4:326.

118. Farley JR, Tarbaux NM, Hall SL, Linkhart TA, Baylink DJ. The anti-bone-resorptive agent calcitonin also acts in vitro to directly increase bone formation and bone cell proliferation. Endocrinology. 1988 Jul;123(1):159–67.

119. Farley JR, Wergedal JE, Baylink DJ. Fluoride directly stimulates proliferation and alkaline phosphatase activity of bone-forming cells. Science. 1983 Oct 21;222(4621):330–2.

120. Fejerskov O, Larsen MJ, Josephsen K, Thylstrup A. Effect of long-term administration of fluoride on plasma fluoride and calcium in relation to forming enamel and dentin in rats. Scand J Dent Res. 1979 Apr;87(2):98–104.

121. Fejerskov O, Larsen MJ, Richards A, Baelum V. Dental tissue effects of fluoride. Adv. Dent. Res. 1994 Jun;8(1):15–31.

122. Fejerskov O, Yaeger JA, Thylstrup A. Microradiography of the effect of acute and chronic administration of fluoride on human and rat dentine and enamel. Arch. Oral Biol. 1979;24(2):123–30.

123. Ferreira C, Bucchini D, Martin ME, Levi S, Arosio P, Grandchamp B, Beaumont C. Early embryonic lethality of H ferritin gene deletion in mice. J. Biol. Chem. 2000 Feb 4;275(5):3021–4.

124. Ferreira C, Santambrogio P, Martin ME, Andrieu V, Feldmann G, Hénin D, Beaumont C. H ferritin knockout mice: a model of hyperferritinemia in the absence of iron overload. Blood. 2001 Aug 1;98(3):525–32.

125. Fincham AG, Moradian-Oldak J, Diekwisch TG, Lyaruu DM, Wright JT, Bringas P Jr, Slavkin HC. Evidence for amelogenin "nanospheres" as functional components of secretory-stage enamel matrix. J. Struct. Biol. 1995 Aug;115(1):50–9.

126. Fisher LW, Fedarko NS. Six genes expressed in bones and teeth encode the current members of the SIBLING family of proteins. Connect. Tissue Res. 2003;44 Suppl 1:33–40.

127. Fleming RE, Whitman IP, Gitlin JD. Induction of ceruloplasmin gene expression in rat lung during inflammation and hyperoxia. Am. J. Physiol. 1991 Feb;260(2 Pt 1):L68–74.

128. Frazer DM, Vulpe CD, McKie AT, Wilkins SJ, Trinder D, Cleghorn GJ, Anderson GJ. Cloning and gastrointestinal expression of rat hephaestin: relationship to other iron transport proteins. Am. J. Physiol. Gastrointest. Liver Physiol. 2001 Oct;281(4):G931–939.

129. Fulari SG, Tambake DP. Rootless teeth: Dentin dysplasia type I. Contemp Clin Dent. 2013 Oct;4(4):520–2.

130. Gadhia K, McDonald S, Arkutu N, Malik K. Amelogenesis imperfecta: an introduction. Br Dent J. 2012 Apr;212(8):377–9.

131. Gafni G, Septier D, Goldberg M. Effect of chondroitin sulphate and biglycan on the crystallisation of hydroxyapatite under physiological conditions. J Crystal Growth. 1999;

205 : 618–623.

132.   Ganz T, Nemeth E. Iron imports. IV. Hepcidin and regulation of body iron metabolism. Am. J. Physiol. Gastrointest. Liver Physiol. 2006 Feb;290(2):G199–203.

133.   Gao Y, Sahlberg C, Kiukkonen A, Alaluusua S, Pohjanvirta R, Tuomisto J, Lukinmaa P-L. Lactational exposure of Han/Wistar rats to 2,3,7,8-tetrachlorodibenzo-p-dioxin interferes with enamel maturation and retards dentin mineralization. J. Dent. Res. 2004 Feb;83(2):139–44.

134.   Garfunkel A, Kantzuker M, Gedalia I, Chevion M. Iron concentration in teeth of patients with and without beta-thalassaemia major. Arch. Oral Biol. 1979;24(10-11):829–31.

135.   PubMed entry [Internet]. [cited 2014 Apr 2]. Available from: http://www.ncbi.nlm.nih.gov/pubmed/295607

136.   George A, Veis A. Phosphorylated proteins and control over apatite nucleation, crystal growth, and inhibition. Chem. Rev. 2008 Nov;108(11):4670–93.

137.   Gericke A, Qin C, Sun Y, Redfern R, Redfern D, Fujimoto Y, Taleb H, Butler WT, Boskey AL. Different forms of DMP1 play distinct roles in mineralization. J. Dent. Res. 2010 Apr;89(4):355–9.

138.   Ghanim A, Morgan M, Mariño R, Bailey D, Manton D. Molar-incisor hypomineralisation: prevalence and defect characteristics in Iraqi children. Int J Paediatr Dent. 2011 Nov;21(6):413–21.

139.   Gibson CW. The Amelogenin Proteins and Enamel Development in Humans and Mice. J Oral Biosci. 2011;53(3):248–56.

140.   Gibson MP, Zhu Q, Wang S, Liu Q, Liu Y, Wang X, Yuan B, Ruest LB, Feng JQ, D'Souza RN, Qin C, Lu Y. The rescue of dentin matrix protein 1 (DMP1)-deficient tooth defects by the transgenic expression of dentin sialophosphoprotein (DSPP) indicates that DSPP is a downstream effector molecule of DMP1 in dentinogenesis. J. Biol. Chem. 2013 Mar 8;288(10):7204–14.

141.   Goldberg HA, Warner KJ, Stillman MJ, Hunter GK. Determination of the hydroxyapatite-nucleating region of bone sialoprotein. Connect. Tissue Res. 1996;35(1-4):385–92.

142.   Goldberg M, Septier D. Phospholipids in amelogenesis and dentinogenesis. Crit. Rev. Oral Biol. Med. 2002;13(3):276–90.

143.   Goldberg M, Septier D, Rapoport O, Iozzo RV, Young MF, Ameye LG. Targeted disruption of two small leucine-rich proteoglycans, biglycan and decorin, excerpts divergent effects on enamel and dentin formation. Calcif. Tissue Int. 2005 Nov;77(5):297–310.

144.   Goldberg M, Takagi M. Dentine proteoglycans: composition, ultrastructure and functions. Histochem. J. 1993 Nov;25(11):781–806.

145.   Goldberg M, Kulkarni AB, Young M, Boskey A. Dentin: structure, composition and mineralization. Front Biosci (Elite Ed). 2011;3:711–35.

146.   Goldberg M, Ono M, Septier D, Bonnefoix M, Kilts TM, Bi Y, Embree M, Ameye L, Young MF. Fibromodulin-deficient mice reveal dual functions for fibromodulin in regulating dental tissue and alveolar bone formation. Cells Tissues Organs (Print). 2009;189(1-4):198–202.

147.   Goldberg M, Septier D, Oldberg A, Young MF, Ameye LG. Fibromodulin-deficient mice

display impaired collagen fibrillogenesis in predentin as well as altered dentin mineralization and enamel formation. J. Histochem. Cytochem. 2006 May;54(5):525–37.

148.   Goldberg M. Histologie de l'émail. EMC, Elsevier Masson, 2008.

149.   Goldberg M, Piette E. La dent normale et pathologique. De Boeck, 2001.

150.   Goldberg M. Histologie du complexe dentinopulpaire. EMC, Elsevier Masson, 2008.

151.   Gorter de Vries I, Quartier E, Boute P, Wisse E, Coomans D. Immunocytochemical localization of osteocalcin in developing rat teeth. J. Dent. Res. 1987 Mar;66(3):784–90.

152.   Gowen LC, Petersen DN, Mansolf AL, Qi H, Stock JL, Tkalcevic GT, Simmons HA, Crawford DT, Chidsey-Frink KL, Ke HZ, McNeish JD, Brown TA. Targeted disruption of the osteoblast/osteocyte factor 45 gene (OF45) results in increased bone formation and bone mass. J. Biol. Chem. 2003 Jan 17;278(3):1998–2007.

153.   Gruber HE, Ingram JA, Hoelscher GL, Zinchenko N, Hanley EN Jr, Sun Y. Asporin, a susceptibility gene in osteoarthritis, is expressed at higher levels in the more degenerate human intervertebral disc. Arthritis Res. Ther. 2009;11(2):R47.

154.   Grynpas MD. Fluoride effects on bone crystals. J. Bone Miner. Res. 1990 Mar;5 Suppl 1:S169–175.

155.   Grynpas MD, Rey C. The effect of fluoride treatment on bone mineral crystals in the rat. Bone. 1992;13(6):423–9.

156.   Guatelli-Steinberg D, Reid DJ, Bishop TA, Larsen CS. Anterior tooth growth periods in Neandertals were comparable to those of modern humans. Proc. Natl. Acad. Sci. U.S.A. 2005 Oct 4;102(40):14197–202.

157.   Guerquin-Kern J-L, Wu T-D, Quintana C, Croisy A. Progress in analytical imaging of the cell by dynamic secondary ion mass spectrometry (SIMS microscopy). Biochim. Biophys. Acta. 2005 Aug 5;1724(3):228–38.

158.   Guggenbuhl P, Filmon R, Mabilleau G, Baslé MF, Chappard D. Iron inhibits hydroxyapatite crystal growth in vitro. Metab. Clin. Exp. 2008 Jul;57(7):903–10.

159.   Guidetti GF, Bartolini B, Bernardi B, Tira ME, Berndt MC, Balduini C, Torti M. Binding of von Willebrand factor to the small proteoglycan decorin. FEBS Lett. 2004 Sep 10;574(1-3):95–100.

160.   Gulson B, Wilson D. History of lead exposure in children revealed from isotopic analyses of teeth. Arch. Environ. Health. 1994 Aug;49(4):279–83.

161.   Gutteridge JM, Halliwell B. The role of the superoxide and hydroxyl radicals in the degradation of DNA and deoxyribose induced by a copper-phenanthroline complex. Biochem. Pharmacol. 1982 Sep 1;31(17):2801–5.

162.   Hall RC, Embery G, Lloyd D. Immunochemical localization of the small leucine-rich proteoglycan lumican in human predentine and dentine. Arch. Oral Biol. 1997 Nov;42(10-11):783–6.

163.   Halse A. An electron microprobe investigation of the distribution of iron in rat incisor enamel. Scand J Dent Res. 1972;80(1):26–39.

164.   Halse A. Location and first appearance of rat incisor pigmentation. Scand J Dent Res. 1972;80(5):428–33.

165. Halse A. Elemental conposition of the superficial layer of rat incisor enamel. Calcif Tissue Res. 1974;16(2):139–44.

166. Halse A, Selvig KA. Incorporation of iron in rat incisor enamel. Scand J Dent Res. 1974;82(1):47–56.

167. Hamilton IR. Biochemical effects of fluoride on oral bacteria. J. Dent. Res. 1990 Feb;69 Spec No:660–667; discussion 682–683.

168. Hao Y, Wang G, Niu Z, Zhou X. [An immunohistochemical study of the effects of excessive fluoride on type I collagen in rat developmental dentine]. Zhonghua Lao Dong Wei Sheng Zhi Ye Bing Za Zhi. 2003 Dec;21(6):429–31.

169. Harris ZL, Durley AP, Man TK, Gitlin JD. Targeted gene disruption reveals an essential role for ceruloplasmin in cellular iron efflux. Proc. Natl. Acad. Sci. U.S.A. 1999 Sep 14;96(19):10812–7.

170. Harrison PM, Arosio P. The ferritins: molecular properties, iron storage function and cellular regulation. Biochim. Biophys. Acta. 1996 Jul 31;1275(3):161–203.

171. Hart PS, Hart TC. Disorders of human dentin. Cells Tissues Organs (Print). 2007;186(1):70–7.

172. Haruyama N, Sreenath TL, Suzuki S, Yao X, Wang Z, Wang Y, Honeycutt C, Iozzo RV, Young MF, Kulkarni AB. Genetic evidence for key roles of decorin and biglycan in dentin mineralization. Matrix Biol. 2009 Apr;28(3):129–36.

173. He G, Dahl T, Veis A, George A. Nucleation of apatite crystals in vitro by self-assembled dentin matrix protein 1. Nat Mater. 2003 Aug;2(8):552–8.

174. Heap PF, Berkovitz BK, Gillett MS, Thompson DW. An analytical ultrastructural study of the iron-rich surface layer in rat-incisor enamel. Arch. Oral Biol. 1983;28(3):195–200.

175. Hellwig E, Lennon AM. Systemic versus topical fluoride. Caries Res. 2004 Jun;38(3):258–62.

176. Henry SP, Takanosu M, Boyd TC, Mayne PM, Eberspaecher H, Zhou W, de Crombrugghe B, Hook M, Mayne R. Expression pattern and gene characterization of asporin. a newly discovered member of the leucine-rich repeat protein family. J. Biol. Chem. 2001 Apr 13;276(15):12212–21.

177. Hentze MW, Caughman SW, Rouault TA, Barriocanal JG, Dancis A, Harford JB, Klausner RD. Identification of the iron-responsive element for the translational regulation of human ferritin mRNA. Science. 1987 Dec 11;238(4833):1570–3.

178. Hentze MW, Kühn LC. Molecular control of vertebrate iron metabolism: mRNA-based regulatory circuits operated by iron, nitric oxide, and oxidative stress. Proc. Natl. Acad. Sci. U.S.A. 1996 Aug 6;93(16):8175–82.

179. Hescot P, Roland E. La sante dentaire en France 1998. Etude sponsorisée par les Ministères des Affaires Sociales et de la Santé. Paris : Union Française pour la Sante Bucco-Dentaire, 1999. 128 pages.

180. Hidaka S, Okamoto Y, Abe K, Miyazaki K. Effects of indium and iron ions on in vitro calcium phosphate precipitation and crystallinity. J. Biomed. Mater. Res. 1996 May;31(1):11–8.

181. Hildebrand A, Romarís M, Rasmussen LM, Heinegård D, Twardzik DR, Border WA,

Ruoslahti E. Interaction of the small interstitial proteoglycans biglycan, decorin and fibromodulin with transforming growth factor beta. Biochem. J. 1994 Sep 1;302 (Pt 2):527–34.

182. Hocking AM, Shinomura T, McQuillan DJ. Leucine-rich repeat glycoproteins of the extracellular matrix. Matrix Biol. 1998 Apr;17(1):1–19.

183. Hong L, Levy SM, Warren JJ, Dawson DV, Bergus GR, Wefel JS. Association of amoxicillin use during early childhood with developmental tooth enamel defects. Arch Pediatr Adolesc Med. 2005 Oct;159(10):943–8.

184. Hu JC-C, Hu Y, Smith CE, McKee MD, Wright JT, Yamakoshi Y, Papagerakis P, Hunter GK, Feng JQ, Yamakoshi F, Simmer JP. Enamel Defects and Ameloblast-specific Expression in Enam Knock-out/lacZ Knock-in Mice. Journal of Biological Chemistry. 2008 Feb 19;283(16):10858–71.

185. Hu JC-C, Chan H-C, Simmer SG, Seymen F, Richardson AS, Hu Y, Milkovich RN, Estrella NMRP, Yildirim M, Bayram M, Chen C-F, Simmer JP. Amelogenesis imperfecta in two families with defined AMELX deletions in ARHGAP6. PLoS ONE. 2012;7(12):e52052.

186. Hu JC-C, Chun Y-HP, Al Hazzazzi T, Simmer JP. Enamel formation and amelogenesis imperfecta. Cells Tissues Organs (Print). 2007;186(1):78–85.

187. Hu JC-C, Yamakoshi Y, Yamakoshi F, Krebsbach PH, Simmer JP. Proteomics and Genetics of Dental Enamel. Cells Tissues Organs. 2005;181(3-4):219–31.

188. Hu Y, Hu JC-C, Smith CE, Bartlett JD, Simmer JP. Kallikrein-related peptidase 4, matrix metalloproteinase 20, and the maturation of murine and porcine enamel. Eur. J. Oral Sci. 2011 Dec;119 Suppl 1:217–25.

189. Hunt RC, Davis AA. Release of iron by human retinal pigment epithelial cells. J. Cell. Physiol. 1992 Jul;152(1):102–10.

190. Hunter GK. Role of proteoglycan in the provisional calcification of cartilage. A review and reinterpretation. Clin. Orthop. Relat. Res. 1991 Jan;(262):256–80.

191. Hunter GK, Goldberg HA. Nucleation of hydroxyapatite by bone sialoprotein. Proc. Natl. Acad. Sci. U.S.A. 1993 Sep 15;90(18):8562–5.

192. Huynh H, Zheng J, Umikawa M, Zhang C, Silvany R, Iizuka S, Holzenberger M, Zhang W, Zhang CC. IGF binding protein 2 supports the survival and cycling of hematopoietic stem cells. Blood. 2011 Sep 22;118(12):3236–43.

193. Imai T, Burgener D, Zhen X, Benjour JP, Caverzasio J. Aluminum potentiates P(i) transport stimulation induced by fluoride in osteoblast-like cells. Am. J. Physiol. 1996 Oct;271(4 Pt 1):E694–701.

194. Iozzo RV. The family of the small leucine-rich proteoglycans: key regulators of matrix assembly and cellular growth. Crit. Rev. Biochem. Mol. Biol. 1997;32(2):141–74.

195. Iozzo RV. The biology of the small leucine-rich proteoglycans. Functional network of interactive proteins. J. Biol. Chem. 1999 Jul 2;274(27):18843–6.

196. Iozzo RV, Sanderson RD. Proteoglycans in cancer biology, tumour microenvironment and angiogenesis. J. Cell. Mol. Med. 2011 May;15(5):1013–31.

197. ISAAC S, BRUDEVOLD F. Discoloration of teeth by metallic ions. J. Dent. Res. 1957 Oct;36(5):753–8.

198. Jedeon K, De la Dure-Molla M, Brookes SJ, Loiodice S, Marciano C, Kirkham J, Canivenc-Lavier M-C, Boudalia S, Bergès R, Harada H, Berdal A, Babajko S. Enamel defects reflect perinatal exposure to bisphenol A. Am. J. Pathol. 2013 Jul;183(1):108–18.

199. Jedeon K. Impact de trois perturbateurs endocriniens, le bisphénol A, la génistéine et la vinclozoline sur l'amélogenèse. Université Paris 7, 2013.

200. Jessen H. The morphology and distribution of mitochondria in ameloblasts with special reference to a helix-containing type. J. Ultrastruct. Res. 1968 Jan;22(1):120–35.

201. Jing F-Q, Wang Q, Liu T-L, Guo L-Y, Liu H. [Effects of overdosed fluoride on rat's incisor expression of matrixmetalloproteinase-20 and tissue inhibitors of metalloproteinase-2]. Hua Xi Kou Qiang Yi Xue Za Zhi. 2006 Jun;24(3):199–201.

202. Jolly SS, Singh BM, Mathur OC, Malhotra KC. Epidemiological, clinical, and biochemical study of endemic dental and skeletal fluorosis in punjab. Br Med J. 1968 Nov 16;4(5628):427–9.

203. Jones JI, Clemmons DR. Insulin-like growth factors and their binding proteins: biological actions. Endocr. Rev. 1995 Feb;16(1):3–34.

204. Jontell M, Linde A. Non-collagenous proteins of predentine from dentinogenically active bovine teeth. Biochem. J. 1983 Sep 15;214(3):769–76.

205. Joseph BK, Harbrow DJ, Sugerman PB, Smid JR, Savage NW, Young WG. Ameloblast apoptosis and IGF-1 receptor expression in the continuously erupting rat incisor model. Apoptosis. 1999 Dec;4(6):441–7.

206. Joseph BK, Savage NW, Young WG, Waters MJ. Insulin-like growth factor-I receptor in the cell biology of the ameloblast: an immunohistochemical study on the rat incisor. Epithelial Cell Biol. 1994;3(2):47–53.

207. Kalamajski S, Aspberg A, Lindblom K, Heinegård D, Oldberg A. Asporin competes with decorin for collagen binding, binds calcium and promotes osteoblast collagen mineralization. Biochem. J. 2009 Oct 1;423(1):53–9.

208. Kalamajski S, Oldberg A. The role of small leucine-rich proteoglycans in collagen fibrillogenesis. Matrix Biol. 2010 May;29(4):248–53.

209. Kallenbach E. Fine structure of rat incisor enamel organ during late pigmentation and regression stages. J. Ultrastruct. Res. 1970 Jan;30(1):38–63.

210. Kamberi B, Bajrami D, Stavileci M, Omeragiq S, Dragidella F, Koçani F. The Antibacterial Efficacy of Biopure MTAD in Root Canal Contaminated with Enterococcus faecalis. ISRN Dent. 2012;2012:390526.

211. Kaqueler JC, Le May O. Lésions carieuses de l'émail. Anatomie pathologique bucco-dentaire. Ed. Masson, Paris p. 41–58 1998.

212. Karim A, Warshawsky H. A radioautographic study of the incorporation of iron 55 by the ameloblasts in the zone of maturation of rat incisors. Am. J. Anat. 1984 Mar;169(3):327–35.

213. Karube H, Nishitai G, Inageda K, Kurosu H, Matsuoka M. NaF Activates MAPKs and Induces Apoptosis in Odontoblast-like Cells. Journal of Dental Research. 2009 Jun 3;88(5):461–5.

214. Kaseva ME. Contribution of trona (magadi) into excessive fluorosis--a case study in Maji

ya Chai ward, northern Tanzania. Sci. Total Environ. 2006 Jul 31;366(1):92–100.

215.   Kassem M, Mosekilde L, Eriksen EF. Effects of fluoride on human bone cells in vitro: differences in responsiveness between stromal osteoblast precursors and mature osteoblasts. Eur. J. Endocrinol. 1994 Apr;130(4):381–6.

216.   Kato MT, de Moraes Italiani F, de Araújo JJ, Garcia MD, de Carvalho Sales-Peres SH, Buzalaf MAR. Preventive effect of an iron varnish on bovine enamel erosion in vitro. J Dent. 2009 Mar;37(3):233–6.

217.   Kato MT, Sales-Peres SH de C, Buzalaf MAR. Effect of iron on acid demineralisation of bovine enamel blocks by a soft drink. Arch. Oral Biol. 2007 Nov;52(11):1109–11.

218.   Kawano S, Morotomi T, Toyono T, Nakamura N, Uchida T, Ohishi M, Toyoshima K, Harada H. Establishment of dental epithelial cell line (HAT-7) and the cell differentiation dependent on Notch signaling pathway. Connect. Tissue Res. 2002;43(2-3):409–12.

219.   Kerley MA, Kollar EJ. Influence of iron upon the development of tetracycline-treated mouse tooth germs in vitro (1). Am. J. Anat. 1979 Mar;154(3):447–53.

220.   Khan A, Moola MH, Cleaton-Jones P. Global trends in dental fluorosis from 1980 to 2000: a systematic review. SADJ. 2005 Nov;60(10):418–21.

221.   Khokher MA, Dandona P. Fluoride stimulates [3H]thymidine incorporation and alkaline phosphatase production by human osteoblasts. Metab. Clin. Exp. 1990 Nov;39(11):1118–21.

222.   Kim J-W, Simmer JP. Hereditary dentin defects. J. Dent. Res. 2007 May;86(5):392–9.

223.   Kim J-W, Lee S-K, Lee ZH, Park J-C, Lee K-E, Lee M-H, Park J-T, Seo B-M, Hu JC-C, Simmer JP. FAM83H Mutations in Families with Autosomal-Dominant Hypocalcified Amelogenesis Imperfecta. Am J Hum Genet. 2008 Feb 8;82(2):489–94.

224.   Kirkham J, Brookes SJ, Zhang J, Wood SR, Shore RC, Smith DA, Wallwork ML, Robinson C. Effect of experimental fluorosis on the surface topography of developing enamel crystals. Caries Res. 2001 Feb;35(1):50–6.

225.   Kiukkonen A, Viluksela M, Sahlberg C, Alaluusua S, Tuomisto JT, Tuomisto J, Lukinmaa P-L. Response of the incisor tooth to 2,3,7,8-tetrachlorodibenzo-p-dioxin in a dioxin-resistant and a dioxin-sensitive rat strain. Toxicol. Sci. 2002 Oct;69(2):482–9.

226.   Kizawa H, Kou I, Iida A, Sudo A, Miyamoto Y, Fukuda A, Mabuchi A, Kotani A, Kawakami A, Yamamoto S, Uchida A, Nakamura K, Notoya K, Nakamura Y, Ikegawa S. An aspartic acid repeat polymorphism in asporin inhibits chondrogenesis and increases susceptibility to osteoarthritis. Nat. Genet. 2005 Feb;37(2):138–44.

227.   Klee EW, Bondar OP, Goodmanson MK, Dyer RB, Erdogan S, Bergstralh EJ, Bergen HR 3rd, Sebo TJ, Klee GG. Candidate serum biomarkers for prostate adenocarcinoma identified by mRNA differences in prostate tissue and verified with protein measurements in tissue and blood. Clin. Chem. 2012 Mar;58(3):599–609.

228.   Kopp JB, Robey PG. Sodium fluoride lacks mitogenic activity for fetal human bone cells in vitro. J. Bone Miner. Res. 1990 Mar;5 Suppl 1:S137–141.

229.   Koschinsky ML, Chow BK, Schwartz J, Hamerton JL, MacGillivray RT. Isolation and characterization of a processed gene for human ceruloplasmin. Biochemistry. 1987 Dec 1;26(24):7760–7.

230. Kou I, Nakajima M, Ikegawa S. Expression and regulation of the osteoarthritis-associated protein asporin. J. Biol. Chem. 2007 Nov 2;282(44):32193–9.

231. Kubota K. Fluoride Induces Endoplasmic Reticulum Stress in Ameloblasts Responsible for Dental Enamel Formation. Journal of Biological Chemistry. 2005 Apr 7;280(24):23194–202.

232. Kubota M. Autoradiographic study of iron transport in rat incisor enamel. Bull. Tokyo Med. Dent. Univ. 1985 Dec;32(4):143–53.

233. Kubota M, Ohya K, Ogura H. Effect of colchicine on iron transport during stages of maturation and enamel pigmentation in rat incisor enamel: an autoradiographic study using 55Fe. Adv. Dent. Res. 1987 Dec;1(2):330–8.

234. Kühn LC, Hentze MW. Coordination of cellular iron metabolism by post-transcriptional gene regulation. J. Inorg. Biochem. 1992 Sep 15;47(3-4):183–95.

235. Kuo YM, Su T, Chen H, Attieh Z, Syed BA, McKie AT, Anderson GJ, Gitschier J, Vulpe CD. Mislocalisation of hephaestin, a multicopper ferroxidase involved in basolateral intestinal iron transport, in the sex linked anaemia mouse. Gut. 2004 Feb;53(2):201–6.

236. Kwak EL, Larochelle DA, Beaumont C, Torti SV, Torti FM. Role for NF-kappa B in the regulation of ferritin H by tumor necrosis factor-alpha. J. Biol. Chem. 1995 Jun 23;270(25):15285–93.

237. Lacruz RS, Brookes SJ, Wen X, Jimenez JM, Vikman S, Hu P, White SN, Lyngstadaas SP, Okamoto CT, Smith CE, Paine ML. Adaptor protein complex 2-mediated, clathrin-dependent endocytosis, and related gene activities, are a prominent feature during maturation stage amelogenesis. J. Bone Miner. Res. 2013 Mar;28(3):672–87.

238. Lacruz RS, Smith CE, Bringas P Jr, Chen Y-B, Smith SM, Snead ML, Kurtz I, Hacia JG, Hubbard MJ, Paine ML. Identification of novel candidate genes involved in mineralization of dental enamel by genome-wide transcript profiling. J. Cell. Physiol. 2012 May;227(5):2264–75.

239. Laisi S, Kiviranta H, Lukinmaa P-L, Vartiainen T, Alaluusua S. Molar-incisor-hypomineralisation and dioxins: new findings. Eur Arch Paediatr Dent. 2008 Dec;9(4):224–7.

240. Lamartine J. Towards a new classification of ectodermal dysplasias. Clin. Exp. Dermatol. 2003 Jul;28(4):351–5.

241. Landing BH, Lahey ME, Schubert WK, Spinanger J. Iron content of teeth in hemosiderosis. J. Dent. Res. 1957 Oct;36(5):750–2.

242. Langlois d'Estaintot B, Santambrogio P, Granier T, Gallois B, Chevalier JM, Précigoux G, Levi S, Arosio P. Crystal structure and biochemical properties of the human mitochondrial ferritin and its mutant Ser144Ala. J. Mol. Biol. 2004 Jul 2;340(2):277–93.

243. Lau KH, Farley JR, Freeman TK, Baylink DJ. A proposed mechanism of the mitogenic action of fluoride on bone cells: inhibition of the activity of an osteoblastic acid phosphatase. Metab. Clin. Exp. 1989 Sep;38(9):858–68.

244. Lau K-HW, Baylink DJ. Molecular mechanism of action of fluoride on bone cells. Journal of Bone and Mineral Research. 1998;13(11):1660–7.

245. Lawson DM, Treffry A, Artymiuk PJ, Harrison PM, Yewdall SJ, Luzzago A, Cesareni G, Levi S, Arosio P. Identification of the ferroxidase centre in ferritin. FEBS Lett. 1989 Aug

28;254(1-2):207–10.

246. Le NTV, Richardson DR. Ferroportin1: a new iron export molecule? Int. J. Biochem. Cell Biol. 2002 Feb;34(2):103–8.

247. Leaver AG. The effect of different levels of dietary iron and calcium upon the iron content of the femur and incisor of the rat. Arch. Oral Biol. 1966 Jan;11(1):113–20.

248. Lee E-H, Park H-J, Jeong J-H, Kim Y-J, Cha D-W, Kwon D-K, Lee S-H, Cho J-Y. The role of asporin in mineralization of human dental pulp stem cells. J. Cell. Physiol. 2011 Jun;226(6):1676–82.

249. Lee S-K, Hu JC-C, Bartlett JD, Lee K-E, Lin BP-J, Simmer JP, Kim J-W. Mutational Spectrum of FAM83H: The C-Terminal Portion is Required for Tooth Enamel Calcification. Hum Mutat. 2008 Aug;29(8):E95–E99.

250. Leite GAS, Sawan RMM, Teófilo JM, Porto IM, Sousa FB, Gerlach RF. Exposure to lead exacerbates dental fluorosis. Archives of Oral Biology. 2011 Jul;56(7):695–702.

251. Levi S, Corsi B, Bosisio M, Invernizzi R, Volz A, Sanford D, Arosio P, Drysdale J. A human mitochondrial ferritin encoded by an intronless gene. J. Biol. Chem. 2001 Jul 6;276(27):24437–40.

252. Levi S, Arosio P. Mitochondrial ferritin. Int. J. Biochem. Cell Biol. 2004 Oct;36(10):1887–9.

253. Li P, Xue Y, Zhang W, Teng F, Sun Y, Qu T, Chen X, Cheng X, Song B, Luo W, Yu Q. Sodium fluoride induces apoptosis in odontoblasts via a JNK-dependent mechanism. Toxicology. 2013 Jun 7;308:138–45.

254. Li Y, Decker S, Yuan Z, DenBesten PK, Aragon MA, Jordan-Sciutto K, Abrams WR, Huh J, McDonald C, Chen E, MacDougall M, Gibson CW. Effects of sodium fluoride on the actin cytoskeleton of murine ameloblasts. Archives of Oral Biology. 2005 Aug;50(8):681–8.

255. Licht B. Syllabus d'odontologie préventive et conservatrice. Nantes : Université de Nantes, 2001b :18-32.

256. Lill R, Kispal G. Maturation of cellular Fe-S proteins: an essential function of mitochondria. Trends Biochem. Sci. 2000 Aug;25(8):352–6.

257. Linde A. The extracellular matrix of the dental pulp and dentin. J. Dent. Res. 1985 Apr;64 Spec No:523–9.

258. Linde A, Bhown M, Butler WT. Noncollagenous proteins of dentin. A re-examination of proteins from rat incisor dentin utilizing techniques to avoid artifacts. J. Biol. Chem. 1980 Jun 25;255(12):5931–42.

259. Linde A, Goldberg M. Dentinogenesis. Crit. Rev. Oral Biol. Med. 1993;4(5):679–728.

260. Linde A, Lundgren T. From serum to the mineral phase. The role of the odontoblast in calcium transport and mineral formation. Int. J. Dev. Biol. 1995 Feb;39(1):213–22.

261. Linde A, Lussi A. Mineral induction by polyanionic dentin and bone proteins at physiological ionic conditions. Connect. Tissue Res. 1989;21(1-4):197–202; discussion 203.

262. Linde A, Lussi A, Crenshaw MA. Mineral induction by immobilized polyanionic proteins. Calcif. Tissue Int. 1989 Apr;44(4):286–95.

263. Lindemann G. Rat incisor pigmentation. Tandlaegebladet. 1970 Jun;74(6):662–70.

264. Liu D, Yang Q, Li M, Mu K, Zhang Y. Association of an asporin repeat polymorphism with ankylosing spondylitis in Han Chinese population: a case-control study. Clin Invest Med. 2010;33(1):E63–68.

265. Loréal O, Ropert M, Doyard M, Island M-L, Fatih N, Detivaud L, Bardou-Jacquet E, Brissot P. Métabolisme du fer en 2012. 2012 May;(442).

266. Lorenzo P, Aspberg A, Onnerfjord P, Bayliss MT, Neame PJ, Heinegard D. Identification and characterization of asporin. a novel member of the leucine-rich repeat protein family closely related to decorin and biglycan. J. Biol. Chem. 2001 Apr 13;276(15):12201–11.

267. Lormée P, Septier D, Lécolle S, Baudoin C, Goldberg M. Dual incorporation of (35S)sulfate into dentin proteoglycans acting as mineralization promotors in rat molars and predentin proteoglycans. Calcif. Tissue Int. 1996 May;58(5):368–75.

268. Loughlin J. Knee osteoarthritis, lumbar-disc degeneration and developmental dysplasia of the hip--an emerging genetic overlap. Arthritis Res. Ther. 2011;13(2):108.

269. Lussi A, Crenshaw MA, Linde A. Induction and inhibition of hydroxyapatite formation by rat dentine phosphoprotein in vitro. Arch. Oral Biol. 1988;33(9):685–91.

270. Lussi A, Linde A. Mineral induction in vivo by dentine proteins. Caries Res. 1993;27(4):241–8.

271. Lyaruu DM, Bervoets TJM, Bronckers ALJJ. Short exposure to high levels of fluoride induces stage-dependent structural changes in ameloblasts and enamel mineralization. Eur. J. Oral Sci. 2006 May;114 Suppl 1:111–115; discussion 127–129, 380.

272. Lynch SR. The impact of iron fortification on nutritional anaemia. Best Pract Res Clin Haematol. 2005 Jun;18(2):333–46.

273. MacDougall M, Simmons D, Gu TT, Dong J. MEPE/OF45, a new dentin/bone matrix protein and candidate gene for dentin diseases mapping to chromosome 4q21. Connect. Tissue Res. 2002;43(2-3):320–30.

274. Maciejewska I, Chomik E. Hereditary dentine diseases resulting from mutations in DSPP gene. J Dent. 2012 Jul;40(7):542–8.

275. Maciejewska I, Spodnik JH, Wójcik S, Domaradzka-Pytel B, Bereznowski Z. The dentin sialoprotein (DSP) expression in rat tooth germs following fluoride treatment: an immunohistochemical study. Arch. Oral Biol. 2006 Mar;51(3):252–61.

276. Malinowska E, Inkielewicz I, Czarnowski W, Szefer P. Assessment of fluoride concentration and daily intake by human from tea and herbal infusions. Food Chem. Toxicol. 2008 Mar;46(3):1055–61.

277. Manduca P, Marchisio S, Astigiano S, Zanotti S, Galmozzi F, Palermo C, Palmieri D. FMS*Calciumfluor specifically increases mRNA levels and induces signaling via MAPK 42,44 and not FAK in differentiating rat osteoblasts. Cell Biol. Int. 2005 Aug;29(8):629–37.

278. Marie PJ, De Vernejoul MC, Lomri A. Stimulation of bone formation in osteoporosis patients treated with fluoride associated with increased DNA synthesis by osteoblastic cells in vitro. J. Bone Miner. Res. 1992 Jan;7(1):103–13.

279. Marshall GW Jr, Marshall SJ, Kinney JH, Balooch M. The dentin substrate: structure and properties related to bonding. J Dent. 1997 Nov;25(6):441–58.

280. Martin JL, Baxter RC. Signalling pathways of insulin-like growth factors (IGFs) and IGF binding protein-3. Growth Factors. 2011 Dec;29(6):235–44.

281. Martinhon CCR, Italiani F de M, Padilha P de M, Bijella MFTB, Delbem ACB, Buzalaf MAR. Effect of iron on bovine enamel and on the composition of the dental biofilm formed "in situ."Arch. Oral Biol. 2006 Jun;51(6):471–5.

282. Massa LF, Ramachandran A, George A, Arana-Chavez VE. Developmental appearance of dentin matrix protein 1 during the early dentinogenesis in rat molars as identified by high-resolution immunocytochemistry. Histochem. Cell Biol. 2005 Sep;124(3-4):197–205.

283. Masuyama T, Miyajima K, Ohshima H, Osawa M, Yokoi N, Oikawa T, Taniguchi K. A novel autosomal-recessive mutation, whitish chalk-like teeth, resembling amelogenesis imperfecta, maps to rat chromosome 14 corresponding to human 4q21. Eur. J. Oral Sci. 2005 Dec;113(6):451–6.

284. Matak P, Deschemin J-C, Peyssonnaux C, Vaulont S. Lack of iron-related phenotype in Sp6 intestinal knockout mice. Blood Cells Mol. Dis. 2011 Jun 15;47(1):46–9.

285. Mataki, S., Ohya, M., Kubota, M., Ino, M. & Ogura, H. Immunohistochemical and pharmacological studies on the distribution of ferritin and its secretory process of amelolasts in rat incisor enamel. In: Tooth Enamel (ed. R. W. Fearnhead), 1989,; pp. 108–112. Yokohama: Yokohama Florence Publishers.

286. Mathu-Muju K, Wright JT. Diagnosis and treatment of molar incisor hypomineralization. Compend Contin Educ Dent. 2006 Nov;27(11):604–610; quiz 611.

287. Maurin J-C, Delorme G, Machuca-Gayet I, Couble M-L, Magloire H, Jurdic P, Bleicher F. Odontoblast expression of semaphorin 7A during innervation of human dentin. Matrix Biol. 2005 May;24(3):232–8.

288. Mayer JE, Iatridis JC, Chan D, Qureshi SA, Gottesman O, Hecht AC. Genetic polymorphisms associated with intervertebral disc degeneration. Spine J. 2013 Mar;13(3):299–317.

289. McCord JM. Iron, free radicals, and oxidative injury. Semin. Hematol. 1998 Jan;35(1):5–12.

290. McKAY FS. The study of mottled enamel (dental fluorosis). J Am Dent Assoc. 1952 Feb;44(2):133–7.

291. McKee MD, Zerounian C, Martineau-Doizé B, Warshawsky H. Specific binding sites for transferrin on ameloblasts of the enamel maturation zone in the rat incisor. Anat. Rec. 1987 Jun;218(2):123–7.

292. McKie AT, Barrow D, Latunde-Dada GO, Rolfs A, Sager G, Mudaly E, Mudaly M, Richardson C, Barlow D, Bomford A, Peters TJ, Raja KB, Shirali S, Hediger MA, Farzaneh F, Simpson RJ. An iron-regulated ferric reductase associated with the absorption of dietary iron. Science. 2001 Mar 2;291(5509):1755–9.

293. McKnight DA, Suzanne Hart P, Hart TC, Hartsfield JK, Wilson A, Wright JT, Fisher LW. A comprehensive analysis of normal variation and disease-causing mutations in the human DSPP gene. Hum. Mutat. 2008 Dec;29(12):1392–404.

294. Menouny M, Binoux M, Babajko S. Role of insulin-like growth factor binding protein-2 and its limited proteolysis in neuroblastoma cell proliferation: modulation by transforming growth factor-beta and retinoic acid. Endocrinology. 1997 Feb;138(2):683–90.

295. Miao Q, Xu M, Liu B, You B. [In vivo and in vitro study on the effect of excessive fluoride on type I collagen of rats]. Wei Sheng Yan Jiu. 2002 Jun;31(3):145–7.

296. Miguel JC, Bowen WH, Pearson SK. Effects of iron salts in sucrose on dental caries and plaque in rats. Arch. Oral Biol. 1997 May;42(5):377–83.

297. Milan AM, Waddington RJ, Embery G. Altered phosphorylation of rat dentine phosphoproteins by fluoride in vivo. Calcif. Tissue Int. 1999 Mar;64(3):234–8.

298. Milan AM, Waddington RJ, Smith PM, Embery G. Odontoblast transport of sulphate—the in vitro influence of fluoride. Archives of Oral Biology. 2003 May;48(5):377–87.

299. Miyazaki Y, Sakai H, Shibata Y, Shibata M, Mataki S, Kato Y. Expression and localization of ferritin mRNA in ameloblasts of rat incisor. Arch. Oral Biol. 1998 May;43(5):367–78.

300. Mjor I A. et Fejerskov O. Human Oral Embryology and Histology. Munksgaard International Publishers; First Edition (1986).

301. Møinichen CB, Lyngstadaas SP, Risnes S. Morphological characteristics of mouse incisor enamel. Journal of anatomy. 1996;189(Pt 2):325.

302. Molla M et al. Odontogénétique. EMC, Elsevier Masson, 2006.

303. Molla M. Amélogenèses imparfaites héréditaires, Msx2 et protéines de l'émail. Université Paris 7, 2008.

304. Møller IJ. Fluorides and dental fluorosis. Int Dent J. 1982 Jun;32(2):135–47.

305. Monjo M, Lamolle SF, Lyngstadaas SP, Rønold HJ, Ellingsen JE. In vivo expression of osteogenic markers and bone mineral density at the surface of fluoride-modified titanium implants. Biomaterials. 2008 Oct;29(28):3771–80.

306. Moreno EC, Kresak M, Zahradnik RT. Fluoridated hydroxyapatite solubility and caries formation. Nature. 1974 Jan 4;247(5435):64–5.

307. Morgan EH. Effect of pH and iron content of transferrin on its binding to reticulocyte receptors. Biochim. Biophys. Acta. 1983 Jul 14;762(4):498–502.

308. Mount GJ, Hume WR. A new cavity classification. Aust Dent J. 1998 Jun;43(3):153–9.

309. Mousny M, Banse X, Wise L, Everett ET, Hancock R, Vieth R, Devogelaer JP, Grynpas MD. The genetic influence on bone susceptibility to fluoride. Bone. 2006 Dec;39(6):1283–9.

310. Mousny M, Omelon S, Wise L, Everett ET, Dumitriu M, Holmyard DP, Banse X, Devogelaer JP, Grynpas MD. Fluoride effects on bone formation and mineralization are influenced by genetics. Bone. 2008 Dec;43(6):1067–74.

311. Muto T, Miyoshi K, Horiguchi T, Noma T. Dissection of morphological and metabolic differentiation of ameloblasts via ectopic SP6 expression. J. Med. Invest. 2012;59(1-2):59–68.

312. Nakajima M, Kizawa H, Saitoh M, Kou I, Miyazono K, Ikegawa S. Mechanisms for asporin function and regulation in articular cartilage. J. Biol. Chem. 2007 Nov 2;282(44):32185–

92.

313. Nanci A, Ahluwalia JP, Pompura JR, Smith CE. Biosynthesis and secretion of enamel proteins in the rat incisor. Anat. Rec. 1989 Jun;224(2):277–91.

314. Nanci A, Goldberg M. Structure des dents: émail. In: Piette E, Goldberg M, editors. La dent normale et pathologique. Bruxelles: De Boeck Université; 2001. p. 39-54.

315. Nanci A. Enamel: Composition, Formation, and Structure. In: Ten Cate's Oral Histology Development, Structure, and Function / 8ème édition United States of America: Elsevier mosby, 2012.

316. Narayanan K, Gajjeraman S, Ramachandran A, Hao J, George A. Dentin matrix protein 1 regulates dentin sialophosphoprotein gene transcription during early odontoblast differentiation. J. Biol. Chem. 2006 Jul 14;281(28):19064–71.

317. Narwaria YS, Saksena DN. Prevalence of dental fluorosis among primary school children in rural areas of Karera Block, Madhya Pradesh. Indian J Pediatr. 2013 Sep;80(9):718–20.

318. Naulin-Ifi C. Odontologie pédiatrique clinique. Editions CdP, collection JPIO, 2011.

319. Nemeth E, Tuttle MS, Powelson J, Vaughn MB, Donovan A, Ward DM, Ganz T, Kaplan J. Hepcidin regulates cellular iron efflux by binding to ferroportin and inducing its internalization. Science. 2004 Dec 17;306(5704):2090–3.

320. Ng F, Manton DJ. Aesthetic management of severely fluorosed incisors in an adolescent female. Aust Dent J. 2007 Sep;52(3):243–8.

321. Nicolas G, Bennoun M, Devaux I, Beaumont C, Grandchamp B, Kahn A, Vaulont S. Lack of hepcidin gene expression and severe tissue iron overload in upstream stimulatory factor 2 (USF2) knockout mice. Proc. Natl. Acad. Sci. U.S.A. 2001 Jul 17;98(15):8780–5.

322. Nicolas G, Viatte L, Bennoun M, Beaumont C, Kahn A, Vaulont S. Hepcidin, a new iron regulatory peptide. Blood Cells Mol. Dis. 2002 Dec;29(3):327–35.

323. Nikdin H, Olsson M-L, Hultenby K, Sugars RV. Osteoadherin accumulates in the predentin towards the mineralization front in the developing tooth. PLoS ONE. 2012;7(2):e31525.

324. Nikitovic D, Aggelidakis J, Young MF, Iozzo RV, Karamanos NK, Tzanakakis GN. The biology of small leucine-rich proteoglycans in bone pathophysiology. J. Biol. Chem. 2012 Oct 5;287(41):33926–33.

325. Nili N, Cheema AN, Giordano FJ, Barolet AW, Babaei S, Hickey R, Eskandarian MR, Smeets M, Butany J, Pasterkamp G, Strauss BH. Decorin inhibition of PDGF-stimulated vascular smooth muscle cell function: potential mechanism for inhibition of intimal hyperplasia after balloon angioplasty. Am. J. Pathol. 2003 Sep;163(3):869–78.

326. Nishikawa S, Josephsen K. Cyclic localization of actin and its relationship to junctional complexes in maturation ameloblasts of the rat incisor. Anat. Rec. 1987 Sep;219(1):21–31.

327. Ockerse T, Wasserstein B. Stain in mottled enamel. J Am Dent Assoc. 1955 May;50(5):536–8.

328. Ogbureke KUE, Fisher LW. Renal expression of SIBLING proteins and their partner matrix metalloproteinases (MMPs). Kidney Int. 2005 Jul;68(1):155–66.

329. Okuda A, Kanehisa J, Heersche JN. The effects of sodium fluoride on the resorptive activity of isolated osteoclasts. J. Bone Miner. Res. 1990 Mar;5 Suppl 1:S115–120.

330. Oppermann RV, Rölla G. Effect of some polyvalent cations on the acidogenicity of dental plaque in vivo. Caries Res. 1980;14(6):422–7.

331. Orsini G, Ruggeri A Jr, Mazzoni A, Papa V, Mazzotti G, Di Lenarda R, Breschi L. Immunohistochemical identification of decorin and biglycan in human dentin: a correlative field emission scanning electron microscopy/transmission electron microscopy study. Calcif. Tissue Int. 2007 Jul;81(1):39–45.

332. Osawa M, Kenmotsu S, Masuyama T, Taniguchi K, Uchida T, Saito C, Ohshima H. Rat wct mutation prevents differentiation of maturation-stage ameloblasts resulting in hypo-mineralization in incisor teeth. Histochem. Cell Biol. 2007 Sep;128(3):183–93.

333. Pak CY, Zerwekh JE, Antich P. Anabolic effects of fluoride on bone. Trends Endocrinol. Metab. 1995 Sep;6(7):229–34.

334. Pan L, Shi X, Liu S, Guo X, Zhao M, Cai R, Sun G. Fluoride promotes osteoblastic differentiation through canonical Wnt/β-catenin signaling pathway. Toxicol. Lett. 2014 Feb 10;225(1):34–42.

335. Papanikolaou G, Pantopoulos K. Iron metabolism and toxicity. Toxicol. Appl. Pharmacol. 2005 Jan 15;202(2):199–211.

336. Park CH, Valore EV, Waring AJ, Ganz T. Hepcidin, a urinary antimicrobial peptide synthesized in the liver. J. Biol. Chem. 2001 Mar 16;276(11):7806–10.

337. Park E-S, Cho H-S, Kwon T-G, Jang S-N, Lee S-H, An C-H, Shin H-I, Kim J-Y, Cho J-Y. Proteomics analysis of human dentin reveals distinct protein expression profiles. J. Proteome Res. 2009 Mar;8(3):1338–46.

338. Parkkinen J, von Bonsdorff L, Ebeling F, Sahlstedt L. Function and therapeutic development of apotransferrin. Vox Sang. 2002 Aug;83 Suppl 1:321–6.

339. Pecharki GD, Cury JA, Paes Leme AF, Tabchoury CPM, Del Bel Cury AA, Rosalen PL, Bowen WH. Effect of sucrose containing iron (II) on dental biofilm and enamel demineralization in situ. Caries Res. 2005 Apr;39(2):123–9.

340. Perls M. Nachweis von Eisenoxyd in gweissen Pigmenten. Virchows Arch 1867, 39:42–48.

341. Perumal E, Paul V, Govindarajan V, Panneerselvam L. A brief review on experimental fluorosis. Toxicol. Lett. 2013 Nov 25;223(2):236–51.

342. Pham CG, Bubici C, Zazzeroni F, Papa S, Jones J, Alvarez K, Jayawardena S, De Smaele E, Cong R, Beaumont C, Torti FM, Torti SV, Franzoso G. Ferritin heavy chain upregulation by NF-kappaB inhibits TNFalpha-induced apoptosis by suppressing reactive oxygen species. Cell. 2004 Nov 12;119(4):529–42.

343. Picard E. Homéostasie du fer et dégénérescences rétiniennes. Université Paris 5. 2009.

344. Piette E, Goldberg M,. In Structure des dents: émail. La dent normale et pathologique. Bruxelles: De Boeck Université; 2001. p. 39-54.

345. Pigeon C, Ilyin G, Courselaud B, Leroyer P, Turlin B, Brissot P, Loréal O. A new mouse liver-specific gene, encoding a protein homologous to human antimicrobial peptide hepcidin, is overexpressed during iron overload. J. Biol. Chem. 2001 Mar

16;276(11):7811–9.

346. Pihlajaniemi T, Myllylä R, Kivirikko KI. Prolyl 4-hydroxylase and its role in collagen synthesis. J. Hepatol. 1991;13 Suppl 3:S2–7.

347. Pindborg EV, Pindborg JJ, Flum CM. Studies on incisor pigmentation in relation to liver iron and blood picture in the white rat; the effect of iron deficiency on the pigmentation of the incisors in rats. Acta Pharmacol Toxicol (Copenh). 1946;2(3):285–93.

348. Pindborg EV, Pindborg JJ, Plum CM. Studies on incisor pigmentation in relation to liver iron and blood picture in the white rat; the effect of fluorine on the iron metabolism. Acta Pharmacol Toxicol (Copenh). 1946;2(3):294–301.

349. Pindborg JJ. Dental changes in rats on a purified diet deficient in vitamin E. J. Dent. Res. 1950 Apr;29(2):212–9.

350. Pindborg JJ. The pigmentation of the rat incisor as an index of metabolic disturbances. Oral Surg. Oral Med. Oral Pathol. 1953 Jun;6(6):780–9.

351. Pindborg JJ, Plum CM. Studies in incisor pigmentation in relation to liver-iron and blood-picture in the white rat; gastrectomy as the cause of depigmentation of incisors of rats. Acta Odontol. Scand. 1946 May;7:105–13.

352. Pindborg JJ, Weinmann JP. Morphologic and functional correlations in the enamel organ of the rat incisor during amelogenesis. Acta Anat (Basel). 1959;36(4):367–81.

353. Pindborg. J. J. Studies on Incisor Pigmentation in Relation to Liver Iron and Blood Picture in the White Rat. V. Histochemical Demonstration of the Imbedding of the Pigment in the Enamel. Odontol. Tidskr. 55: 443.446,1947.

354. Pizzo G, Piscopo MR, Pizzo I, Giuliana G. Community water fluoridation and caries prevention: a critical review. Clin Oral Investig. 2007 Sep;11(3):189–93.

355. Poole AR, Pidoux I, Rosenberg L. Role of proteoglycans in endochondral ossification: immunofluorescent localization of link protein and proteoglycan monomer in bovine fetal epiphyseal growth plate. J. Cell Biol. 1982 Feb;92(2):249–60.

356. Poulou M, Kaliakatsos M, Tsezou A, Kanavakis E, Malizos KN, Tzetis M. Association of the CALM1 core promoter polymorphism with knee osteoarthritis in patients of Greek origin. Genet. Test. 2008 Jun;12(2):263–5.

357. Priam F, Ronco V, Locker M, Bourd K, Bonnefoix M, Duchêne T, Bitard J, Wurtz T, Kellermann O, Goldberg M, Poliard A. New cellular models for tracking the odontoblast phenotype. Arch. Oral Biol. 2005 Feb;50(2):271–7.

358. Prince CW, Navia JM. Glycosaminoglycan alterations in rat bone due to growth and fluorosis. J. Nutr. 1983 Aug;113(8):1576–82.

359. Puy H, Gouya L, Deybach J-C. Porphyrias. Lancet. 2010 Mar 13;375(9718):924–37.

360. Qian ZM, Tsoi YK, Ke Y, Wong MS. Ceruloplasmin promotes iron uptake rather than release in BT325 cells. Exp Brain Res. 2001 Oct;140(3):369–74.

361. Qin C, Brunn JC, Cadena E, Ridall A, Tsujigiwa H, Nagatsuka H, Nagai N, Butler WT. The expression of dentin sialophosphoprotein gene in bone. J. Dent. Res. 2002 Jun;81(6):392–4.

362. Qin C, Cook RG, Orkiszewski RS, Butler WT. Identification and characterization of the

carboxyl-terminal region of rat dentin sialoprotein. J. Biol. Chem. 2001 Jan 12;276(2):904–9.

363. Rango T, Kravchenko J, Atlaw B, McCornick PG, Jeuland M, Merola B, Vengosh A. Groundwater quality and its health impact: An assessment of dental fluorosis in rural inhabitants of the Main Ethiopian Rift. Environ Int. 2012 Aug;43:37–47.

364. Reith EJ, Ross MH. Morphological evidence for the presence of contractile elements in secretory ameloblasts of the rat. Arch. Oral Biol. 1973 Mar;18(3):445–8.

365. Reith EJ. The ultrastructure of ameloblasts during matrix formation and the maturation of enamel. J Biophys Biochem Cytol. 1961 Apr;9:825–39.

366. Reith, E.J. The enamel organ of the rat's incisor, its histology and pigment. Anat. Rec., 1959 133r75-90.

367. Rich C, Ensinck J. Effect of sodium fluoride on calcium metabolism of human beings. Nature. 1961 Jul 8;191:184–5.

368. Richards A. Nature and mechanisms of dental fluorosis in animals. J. Dent. Res. 1990 Feb;69 Spec No:701–705; discussion 721.

369. Richter GW. The iron-loaded cell–the cytopathology of iron storage. A review. The American journal of pathology. 1978 May;91(2):362–404.

370. Riksen EA, Kalvik A, Brookes S, Hynne A, L. Snead M, Lyngstadaas SP, Reseland JE. Fluoride reduces the expression of enamel proteins and cytokines in an ameloblast-derived cell line. Archives of Oral Biology. 2011 Apr;56(4):324–30.

371. Ritchie HH, Pinero GJ, Hou H, Butler WT. Molecular analysis of rat dentin sialoprotein. Connect. Tissue Res. 1995;33(1-3):73–9.

372. Robinson C, Connell S, Kirkham J, Brookes SJ, Shore RC, Smith AM. The Effect of Fluoride on the Developing Tooth. Caries Research. 2004;38(3):268–76.

373. Robinson C. and Kirkham J. Is the rat incisor typical? Inserm 1984; 125:377-386.

374. Robles M-J, Ruiz M, Bravo-Perez M, González E, Peñalver M-A. Prevalence of enamel defects in primary and permanent teeth in a group of schoolchildren from Granada (Spain). Med Oral Patol Oral Cir Bucal. 2013 Mar;18(2):e187–193.

375. Rodd HD, Boissonade FM, Day PF. Pulpal status of hypomineralized permanent molars. Pediatr Dent. 2007 Dec;29(6):514–20.

376. Rojas-Sanchez F, Alaminos M, Campos A, Rivera H, Sanchez-Quevedo MC. Dentin in Severe Fluorosis: a Quantitative Histochemical Study. Journal of Dental Research. 2007 Sep 1;86(9):857–61.

377. Ronnholm E. An electron microscopic study of the amelogenesis in human teeth. I. The fine structure of the ameloblasts. J. Ultrastruct. Res. 1962 Apr;6:229–48.

378. Rosalen PL, Pearson SK, Bowen WH. Effects of copper, iron and fluoride co-crystallized with sugar on caries development and acid formation in deslivated rats. Arch. Oral Biol. 1996 Nov;41(11):1003–10.

379. Rouault TA, Hentze MW, Caughman SW, Harford JB, Klausner RD. Binding of a cytosolic protein to the iron-responsive element of human ferritin messenger RNA. Science. 1988 Sep 2;241(4870):1207–10.

380.   Ruch JV, Lesot H, Bègue-Kirn C. Odontoblast differentiation. Int. J. Dev. Biol. 1995 Feb;39(1):51–68.

381.   Ruoslahti E. Structure and biology of proteoglycans. Annu. Rev. Cell Biol. 1988;4:229–55.

382.   Russell AL. Dental fluorosis in Grand Rapids during the seventeenth year of fluoridation. J Am Dent Assoc. 1962 Nov;65:608–12.

383.   S. Simon, P. Cooper, A. Berdal, P. Machtou, A. J. Smith. Biologie pulpaire: comprendre pour appliquer au quotidien. Revue d'Odonto-Stomatologie/septembre 2008.

384.   Sahlberg C, Pavlic A, Ess A, Lukinmaa P-L, Salmela E, Alaluusua S. Combined effect of amoxicillin and sodium fluoride on the structure of developing mouse enamel in vitro. Arch. Oral Biol. 2013 Sep;58(9):1155–64.

385.   Saiani RA, Porto IM, Marcantonio Junior E, Cury JA, de Sousa FB, Gerlach RF. Morphological characterization of rat incisor fluorotic lesions. Archives of Oral Biology. 2009 Nov;54(11):1008–15.

386.   Sakakibara S, Aoyama Y. Dietary iron-deficiency up-regulates hephaestin mRNA level in small intestine of rats. Life Sci. 2002 May 17;70(26):3123–9.

387.   Sakao K, Takahashi KA, Arai Y, Saito M, Honjyo K, Hiraoka N, Kishida T, Mazda O, Imanishi J, Kubo T. Asporin and transforming growth factor-beta gene expression in osteoblasts from subchondral bone and osteophytes in osteoarthritis. J Orthop Sci. 2009 Nov;14(6):738–47.

388.   Sales-Peres SHC, Pessan JP, Buzalaf MAR. Effect of an iron mouthrinse on enamel and dentine erosion subjected or not to abrasion: an in situ/ex vivo study. Arch. Oral Biol. 2007 Feb;52(2):128–32.

389.   Salmela E, Lukinmaa P-L, Partanen A-M, Sahlberg C, Alaluusua S. Combined effect of fluoride and 2,3,7,8-tetrachlorodibenzo-p-dioxin on mouse dental hard tissue formation in vitro. Arch. Toxicol. 2011 Aug;85(8):953–63.

390.   Salmon B, Bardet C, Khaddam M, Naji J, Coyac BR, Baroukh B, Letourneur F, Lesieur J, Decup F, Le Denmat D, Nicoletti A, Poliard A, Rowe PS, Huet E, Vital SO, Linglart A, McKee MD, Chaussain C. MEPE-derived ASARM peptide inhibits odontogenic differentiation of dental pulp stem cells and impairs mineralization in tooth models of X-linked hypophosphatemia. PLoS ONE. 2013;8(2):e56749.

391.   Saraux A, Bouillin D, Jeandel P, Abdoulaye L, Le Goff P. [Epidemiology of bone fluorosis of hydrotelluric origin]. Rev Rhum Ed Fr. 1994 Dec;61(11):847–51.

392.   Sarkar J, Seshadri V, Tripoulas NA, Ketterer ME, Fox PL. Role of ceruloplasmin in macrophage iron efflux during hypoxia. J. Biol. Chem. 2003 Nov 7;278(45):44018–24.

393.   Sasaki T, Goldberg M, Takuma S, Garant PR. Cell biology of tooth enamel formation. Functional electron microscopic monographs. Monogr Oral Sci. 1990;14:1–199.

394.   Schaefer L, Iozzo RV. Biological functions of the small leucine-rich proteoglycans: from genetics to signal transduction. J. Biol. Chem. 2008 Aug 1;283(31):21305–9.

395.   Schmidt, W.J., and J.A. Keil. Polarizing Microscopy of Dental Tissues. Pergamon Press, Oxford, 1971.

396.   Schönherr E, Sunderkötter C, Iozzo RV, Schaefer L. Decorin, a novel player in the insulin-

like growth factor system. J. Biol. Chem. 2005 Apr 22;280(16):15767–72.

397. Schour I, Hoffman MM. Studies in tooth development: II. The rate of apposition of enamel and dentine in man and other mammals. J Dent Res 1939;18:161–75.

398. Schour I., and Massler M. The teeth. In: The Rat in Laboratory Investigation. E.J. Farris and J.Q. Griffith Jr. eds. Lippincott, Philadelphia, 1949,; pp. 104-165.

399. Segal AW, Abo A. The biochemical basis of the NADPH oxidase of phagocytes. Trends Biochem. Sci. 1993 Feb;18(2):43–7.

400. Selvig KA, Halse A. The ultrastructural localization of iron in rat incisor enamel. Scand J Dent Res. 1975 Mar;83(2):88–95.

401. Shankly PE, Mackie IC, Sloan P. Dentinal dysplasia type I: report of a case. Int J Paediatr Dent. 1999 Mar;9(1):37–42.

402. Sharma R, Tsuchiya M, Bartlett JD. Fluoride induces endoplasmic reticulum stress and inhibits protein synthesis and secretion. Environ. Health Perspect. 2008 Sep;116(9):1142–6.

403. Sharma R, Tsuchiya M, Skobe Z, Tannous BA, Bartlett JD. The Acid Test of Fluoride: How pH Modulates Toxicity. Pan X, editor. PLoS ONE. 2010 May 28;5(5):e10895.

404. Shekar C, Cheluvaiah MB, Namile D. Prevalence of dental caries and dental fluorosis among 12 and 15 years old school children in relation to fluoride concentration in drinking water in an endemic fluoride belt of Andhra Pradesh. Indian J Public Health. 2012 Jun;56(2):122–8.

405. Shore RC, Robinson C, Kirkham J, Herold RC. An immunohistochemical study of the effects of fluoride on enamel development in the rat incisor. Archives of oral biology. 1993;38(7):607–10.

406. Sierant ML, Bartlett JD. Stress Response Pathways in Ameloblasts: Implications for Amelogenesis and Dental Fluorosis. Cells. 2012 Aug 30;1(4):631–45.

407. Sies H. Oxidative stress: from basic research to clinical application. Am. J. Med. 1991 Sep 30;91(3C):31S–38S.

408. Simon S, Smith AJ, Lumley PJ, Berdal A, Smith G, Finney S, Cooper PR. Molecular characterization of young and mature odontoblasts. Bone. 2009 Oct;45(4):693–703.

409. Sipe DM, Murphy RF. Binding to cellular receptors results in increased iron release from transferrin at mildly acidic pH. J. Biol. Chem. 1991 May 5;266(13):8002–7.

410. Sixou JL, Bailleul-forestier I. Recommandation sur la prescription des fluorures de la naissance à l'adolescence. J Odontol Stomatol Pediatr 2004; 11(3): 157–68.

411. Skinner HC, Nalbandian J. Tetracyclines and mineralized tissues: review and perspectives. Yale J Biol Med. 1975 Nov;48(5):377–97.

412. Smalley JW, Embery G. The influence of fluoride administration on the structure of proteoglycans in the developing rat incisor. Biochem. J. 1980 Aug 15;190(2):263–72.

413. Smith AJ, Scheven BA, Takahashi Y, Ferracane JL, Shelton RM, Cooper PR. Dentine as a bioactive extracellular matrix. Arch. Oral Biol. 2012 Feb;57(2):109–21.

414. Smith AJ, Shaw L. Dental erosion. Br Dent J. 1995 Mar 25;178(6):207.

415. Smith CE, Nanci A, Denbesten PK. Effects of chronic fluoride exposure on morphometric

parameters defining the stages of amelogenesis and ameloblast modulation in rat incisors. Anat. Rec. 1993 Oct;237(2):243–58.

416. Smith CE, Warshawsky H. Quantitative analysis of cell turnover in the enamel organ of the rat incisor. Evidence for ameloblast death immediately after enamel matrix secretion. Anat. Rec. 1977 Jan;187(1):63–98.

417. Song JH, Lee HS, Kim CJ, Cho YG, Park YG, Nam SW, Lee JY, Park WS. Aspartic acid repeat polymorphism of the asporin gene with susceptibility to osteoarthritis of the knee in a Korean population. Knee. 2008 Jun;15(3):191–5.

418. Sreenath T, Thyagarajan T, Hall B, Longenecker G, D'Souza R, Hong S, Wright JT, MacDougall M, Sauk J, Kulkarni AB. Dentin sialophosphoprotein knockout mouse teeth display widened predentin zone and develop defective dentin mineralization similar to human dentinogenesis imperfecta type III. J. Biol. Chem. 2003 Jul 4;278(27):24874–80.

419. Steenhout A, Pourtois M. Lead accumulation in teeth as a function of age with different exposures. Br J Ind Med. 1981 Aug;38(3):297–303.

420. Steger HF. Oxidation of sulphide minerals-VI Ferrous and ferric iron in the water-soluble oxidation products of iron sulphide minerals. Talanta. 1979 Jun;26(6):455–60.

421. Stein G, Boyle PE. Pigmentation of the enamel of albino rat incisor teeth. Arch. Oral Biol. 1959 Oct;1:97–105.

422. Stetler-Stevenson WG, Veis A. Bovine dentin phosphophoryn: calcium ion binding properties of a high molecular weight preparation. Calcif. Tissue Int. 1987 Feb;40(2):97–102.

423. Sudhir KM, Prashant GM, Subba Reddy VV, Mohandas U, Chandu GN. Prevalence and severity of dental fluorosis among 13- to 15-year-old school children of an area known for endemic fluorosis: Nalgonda district of Andhra Pradesh. J Indian Soc Pedod Prev Dent. 2009 Dec;27(4):190–6.

424. Sun H, Li H, Sadler PJ. Transferrin as a metal ion mediator. Chem. Rev. 1999 Sep 8;99(9):2817–42.

425. Surguladze N, Patton S, Cozzi A, Fried MG, Connor JR. Characterization of nuclear ferritin and mechanism of translocation. Biochem. J. 2005 Jun 15;388(Pt 3):731–40.

426. Susheela AK, Sharma K, Rajan BP, Gnanasundaram N. The status of sulphated isomers of glycosaminoglycans in fluorosed human teeth. Arch. Oral Biol. 1988;33(10):765–7.

427. Suzuki S, Sreenath T, Haruyama N, Honeycutt C, Terse A, Cho A, Kohler T, Müller R, Goldberg M, Kulkarni AB. Dentin sialoprotein and dentin phosphoprotein have distinct roles in dentin mineralization. Matrix Biol. 2009 May;28(4):221–9.

428. Takahashi H, Nakajima M, Ozaki K, Tanaka T, Kamatani N, Ikegawa S. Prediction model for knee osteoarthritis based on genetic and clinical information. Arthritis Res. Ther. 2010;12(5):R187.

429. Takahashi N, Washio J. Metabolomic effects of xylitol and fluoride on plaque biofilm in vivo. J. Dent. Res. 2011 Dec;90(12):1463–8.

430. Takano Y, Ozawa H. Cytochemical studies on the ferritin-containing vesicles of the rat incisor ameloblasts with special reference to the acid phosphatase activity. Calcif. Tissue Int. 1981;33(1):51–5.

431. Ten Cate JM. Fluorides in caries prevention and control: empiricism or science. Caries Res. 2004 Jun;38(3):254–7.

432. Thesleff I. Tooth morphogenesis. Adv. Dent. Res. 1995 Nov;9(3 Suppl):12.

433. Thompson KJ, Fried MG, Ye Z, Boyer P, Connor JR. Regulation, mechanisms and proposed function of ferritin translocation to cell nuclei. J. Cell. Sci. 2002 May 15;115(Pt 10):2165–77.

434. Thylstrup A. Distribution of dental fluorosis in the primary dentition. Community Dent Oral Epidemiol. 1978 Nov;6(6):329–37.

435. Thylstrup A, Fejerskov O, Mosha HJ. A polarized light and microradiographic study of enamel in human primary teeth from a high fluoride area. Arch. Oral Biol. 1978;23(5):373–80.

436. Thylstrup A, Fejerskov O. Clinical appearance of dental fluorosis in permanent teeth in relation to histologic changes. Community Dentistry and Oral Epidemiology. 1978;6(6):315–28.

437. Tirlet G, Fron H, Attal JP. Infiltration, a new therapy for masking white spots on enamel: a case series with 19-month follow-up. Eur J Esthet Dent 2013.

438. Tomoeda M, Yamada S, Shirai H, Ozawa Y, Yanagita M, Murakami S. PLAP-1/asporin inhibits activation of BMP receptor via its leucine-rich repeat motif. Biochemical and Biophysical Research Communications. 2008 Jun;371(2):191–6.

439. Torell P. Iron and dental caries. Swed Dent J. 1988;12(3):113–24.

440. Torti SV, Kwak EL, Miller SC, Miller LL, Ringold GM, Myambo KB, Young AP, Torti FM. The molecular cloning and characterization of murine ferritin heavy chain, a tumor necrosis factor-inducible gene. J. Biol. Chem. 1988 Sep 5;263(25):12638–44.

441. Tredwin CJ, Scully C, Bagan-Sebastian J-V. Drug-induced disorders of teeth. J. Dent. Res. 2005 Jul;84(7):596–602.

442. Trodahl JN, Schwartz S, Gorlin RJ. The pigmentation of dental tissues in erythropoietic (congenital) porphyria. J. Oral Pathol. 1972;1(4):159–71.

443. Tsuji Y, Ayaki H, Whitman SP, Morrow CS, Torti SV, Torti FM. Coordinate transcriptional and translational regulation of ferritin in response to oxidative stress. Mol. Cell. Biol. 2000 Aug;20(16):5818–27.

444. Tufvesson E, Westergren-Thorsson G. Tumour necrosis factor-alpha interacts with biglycan and decorin. FEBS Lett. 2002 Oct 23;530(1-3):124–8.

445. Turtoi A, Musmeci D, Wang Y, Dumont B, Somja J, Bevilacqua G, De Pauw E, Delvenne P, Castronovo V. Identification of novel accessible proteins bearing diagnostic and therapeutic potential in human pancreatic ductal adenocarcinoma. J. Proteome Res. 2011 Sep 2;10(9):4302–13.

446. Twetman S. Caries prevention with fluoride toothpaste in children: an update. Eur Arch Paediatr Dent. 2009 Sep;10(3):162–7.

447. Tye CE, Antone JV, Bartlett JD. Fluoride does not inhibit enamel protease activity. J. Dent. Res. 2011 Apr;90(4):489–94.

448. Tye CE, Pham CT, Simmer JP, Bartlett JD. DPPI may activate KLK4 during enamel formation. J. Dent. Res. 2009 Apr;88(4):323–7.

449. Uchida T, Tanabe T, Fukae M, Shimizu M. Immunocytochemical and immunochemical detection of a 32 kDa nonamelogenin and related proteins in porcine tooth germs. Arch. Histol. Cytol. 1991 Dec;54(5):527–38.

450. Van der Vusse GJ. Albumin as fatty acid transporter. Drug Metab. Pharmacokinet. 2009;24(4):300–7.

451. Veis A, Dorvee JR. Biomineralization mechanisms: a new paradigm for crystal nucleation in organic matrices. Calcif. Tissue Int. 2013 Oct;93(4):307–15.

452. Veron MH, Couble ML, Magloire H. Selective inhibition of collagen synthesis by fluoride in human pulp fibroblasts in vitro. Calcif. Tissue Int. 1993 Jul;53(1):38–44.

453. Vieira A, Hancock R, Dumitriu M, Schwartz M, Limeback H, Grynpas M. How does fluoride affect dentin microhardness and mineralization? J. Dent. Res. 2005 Oct;84(10):951–7.

454. Waddington RJ, Embery G, Hall RC. The influence of fluoride on proteoglycan structure using a rat odontoblast in vitro system. Calcif. Tissue Int. 1993 May;52(5):392–8.

455. Waddington RJ, Langley MS. Structural analysis of proteoglycans synthesized by mineralizing bone cells in vitro in the presence of fluoride. Matrix Biol. 1998 Aug;17(4):255–68.

456. Waddington RJ, Langley MS. Altered expression of matrix metalloproteinases within mineralizing bone cells in vitro in the presence of fluoride. Connect. Tissue Res. 2003;44(2):88–95.

457. Waddington RJ, Langley MS. Structural analysis of proteoglycans synthesized by mineralizing bone cells\textless i\textgreater in vitro\textless/i\textgreater in the presence of fluoride. Matrix biology. 1998;17(4):255–68.

458. Waddington R., Moseley R, Smith A., Sloan A., Embery G. Fluoride-induced changes to proteoglycan structure synthesised within the dentine–pulp complex in vitro. Biochimica et Biophysica Acta (BBA) - Molecular Basis of Disease. 2004 Jun;1689(2):142–51.

459. Waidyasekera K, Nikaido T, Weerasinghe D, Watanabe A, Ichinose S, Tay F, Tagami J. Why does fluorosed dentine show a higher susceptibility for caries: an ultra-morphological explanation. J. Med. Dent. Sci. 2010 Mar;57(1):17–23.

460. Walden WE, Selezneva AI, Dupuy J, Volbeda A, Fontecilla-Camps JC, Theil EC, Volz K. Structure of dual function iron regulatory protein 1 complexed with ferritin IRE-RNA. Science. 2006 Dec 22;314(5807):1903–8.

461. Wang RZ, Weiner S. Strain-structure relations in human teeth using Moiré fringes. J Biomech. 1998 Feb;31(2):135–41.

462. Weerheijm KL. Molar incisor hypomineralisation (MIH). Eur J Paediatr Dent. 2003 Sep;4(3):114–20.

463. Weerheijm KL, Groen HJ, Beentjes VE, Poorterman JH. Prevalence of cheese molars in eleven-year-old Dutch children. ASDC J Dent Child. 2001 Aug;68(4):259–62, 229.

464. Weerheijm KL, Jälevik B, Alaluusua S. Molar-incisor hypomineralisation. Caries Res. 2001 Oct;35(5):390–1.

465. Weinstein LH, Davison AW. Native plant species suitable as bioindicators and

biomonitors for airborne fluoride. Environ. Pollut. 2003;125(1):3–11.

466. Wen X, Paine ML. Iron deposition and ferritin heavy chain (Fth) localization in rodent teeth. BMC Res Notes. 2013;6:1.

467. West AP Jr, Bennett MJ, Sellers VM, Andrews NC, Enns CA, Bjorkman PJ. Comparison of the interactions of transferrin receptor and transferrin receptor 2 with transferrin and the hereditary hemochromatosis protein HFE. J. Biol. Chem. 2000 Dec 8;275(49):38135–8.

468. Willmott NS, Bryan RAE, Duggal MS. Molar-incisor-hypomineralisation: a literature review. Eur Arch Paediatr Dent. 2008 Dec;9(4):172–9.

469. Witkop, C J J. Amelogenesis imperfecta, dentinogenesis imperfecta and dentin dysplasia revisited: problems in classification. Journal of oral pathology. 1988 Nov;17(9-10):547–53.

470. Wong MCM, Clarkson J, Glenny A-M, Lo ECM, Marinho VCC, Tsang BWK, Walsh T, Worthington HV. Cochrane reviews on the benefits/risks of fluoride toothpastes. J. Dent. Res. 2011 May;90(5):573–9.

471. Worwood M, Brook JD, Cragg SJ, Hellkuhl B, Jones BM, Perera P, Roberts SH, Shaw DJ. Assignment of human ferritin genes to chromosomes 11 and 19q13.3—-19qter. Human genetics. 1985;69(4):371–4.

472. Wright JT, Chen SC, Hall KI, Yamauchi M, Bawden JW. Protein characterization of fluorosed human enamel. J. Dent. Res. 1996 Dec;75(12):1936–41.

473. Wright JT, Daly B, Simmons D, Hong S, Hart SP, Hart TC, Atsawasuwan P, Yamauchi M. Human enamel phenotype associated with amelogenesis imperfecta and a kallikrein-4 (g.2142G>A) proteinase mutation. Eur. J. Oral Sci. 2006 May;114 Suppl 1:13–17; discussion 39–41, 379.

474. Wurtz T, Houari S, Mauro N, MacDougall M, Peters H, Berdal A. Fluoride at non-toxic dose affects odontoblast gene expression in vitro. Toxicology. 2008 Jul 10;249(1):26–34.

475. Yadav JP, Lata S, Kataria SK, Kumar S. Fluoride distribution in groundwater and survey of dental fluorosis among school children in the villages of the Jhajjar District of Haryana, India. Environ Geochem Health. 2009 Aug;31(4):431–8.

476. Yamada S, Tomoeda M, Ozawa Y, Yoneda S, Terashima Y, Ikezawa K, Ikegawa S, Saito M, Toyosawa S, Murakami S. PLAP-1/asporin, a novel negative regulator of periodontal ligament mineralization. J. Biol. Chem. 2007 Aug 10;282(32):23070–80.

477. Yamaguchi K, Takahashi S, Kawanami T, Kato T, Sasaki H. Retinal degeneration in hereditary ceruloplasmin deficiency. Ophthalmologica. 1998;212(1):11–4.

478. Yamaguchi M. [Fluoride and bone metabolism]. Clin Calcium. 2007 Feb;17(2):217–23.

479. Yamakoshi Y. Dentinogenesis and Dentin Sialophosphoprotein (DSPP). J Oral Biosci. 2009 Sep 10;51(3):134.

480. Yan D, Gurumurthy A, Wright M, Pfeiler TW, Loboa EG, Everett ET. Genetic background influences fluoride's effects on osteoclastogenesis. Bone. 2007 Dec;41(6):1036–44.

481. Yan D, Willett TL, Gu X-M, Martinez-Mier EA, Sardone L, McShane L, Grynpas M, Everett ET. Phenotypic variation of fluoride responses between inbred strains of mice. Cells Tissues Organs (Print). 2011;194(2-4):261–7.

482. Yan Q, Zhang Y, Li W, Denbesten PK. Micromolar fluoride alters ameloblast lineage cells in vitro. J. Dent. Res. 2007 Apr;86(4):336–40.

483. Yanagawa T, Itoh K, Uwayama J, Shibata Y, Yamaguchi A, Sano T, Ishii T, Yoshida H, Yamamoto M. Nrf2 deficiency causes tooth decolourization due to iron transport disorder in enamel organ. Genes Cells. 2004 Jul;9(7):641–51.

484. Yanagisawa T, Takuma S, Fejerskov O. Ultrastructure and composition of enamel in human dental fluorosis. Adv. Dent. Res. 1989 Sep;3(2):203–10.

485. Yang S, Wang Z, Farquharson C, Alkasir R, Zahra M, Ren G, Han B. Sodium fluoride induces apoptosis and alters bcl-2 family protein expression in MC3T3-E1 osteoblastic cells. Biochem. Biophys. Res. Commun. 2011 Jul 15;410(4):910–5.

486. Yang T, Zhang Y, Li Y, Hao Y, Zhou M, Dong N, Duan X. High amounts of fluoride induce apoptosis/cell death in matured ameloblast-like LS8 cells by downregulating Bcl-2. Arch. Oral Biol. 2013 Sep;58(9):1165–73.

487. Ye L, MacDougall M, Zhang S, Xie Y, Zhang J, Li Z, Lu Y, Mishina Y, Feng JQ. Deletion of dentin matrix protein-1 leads to a partial failure of maturation of predentin into dentin, hypomineralization, and expanded cavities of pulp and root canal during postnatal tooth development. J. Biol. Chem. 2004 Apr 30;279(18):19141–8.

488. Yoder KM, Mabelya L, Robison VA, Dunipace AJ, Brizendine EJ, Stookey GK. Severe dental fluorosis in a Tanzanian population consuming water with negligible fluoride concentration. Community Dent Oral Epidemiol. 1998 Dec;26(6):382–93.

489. Yoshida T, Kumashiro Y, Iwata T, Ishihara J, Umemoto T, Shiratsuchi Y, Kawashima N, Sugiyama T, Yamato M, Okano T. Requirement of integrin β3 for iron transportation during enamel formation. J. Dent. Res. 2012 Dec;91(12):1154–9.

490. Yoshioka H, Yoshiko Y, Minamizaki T, Suzuki S, Koma Y, Nobukiyo A, Sotomaru Y, Suzuki A, Itoh M, Maeda N. Incisor enamel formation is impaired in transgenic rats overexpressing the type III NaPi transporter Slc20a1. Calcif. Tissue Int. 2011 Sep;89(3):192–202.

491. Zerwekh JE, Morris AC, Padalino PK, Gottschalk F, Pak CY. Fluoride rapidly and transiently raises intracellular calcium in human osteoblasts. J. Bone Miner. Res. 1990 Mar;5 Suppl 1:S131–136.

492. Zhang Y, Li W, Chi HS, Chen J, Denbesten PK. JNK/c-Jun signaling pathway mediates the fluoride-induced down-regulation of MMP-20 in vitro. Matrix Biol. 2007 Oct;26(8):633–41.

493. Zhu F, Friedman MS, Luo W, Woolf P, Hankenson KD. The transcription factor osterix (SP7) regulates BMP6-induced human osteoblast differentiation. J. Cell. Physiol. 2012 Jun;227(6):2677–85.

yes
I want morebooks!

Buy your books fast and straightforward online - at one of the world's fastest growing online book stores! Environmentally sound due to Print-on-Demand technologies.

Buy your books online at
www.get-morebooks.com

Achetez vos livres en ligne, vite et bien, sur l'une des librairies en ligne les plus performantes au monde!
En protégeant nos ressources et notre environnement grâce à l'impression à la demande.

La librairie en ligne pour acheter plus vite
www.morebooks.fr

SIA OmniScriptum Publishing
Brivibas gatve 1 97
LV-103 9 Riga, Latvia
Telefax: +371 68620455

info@omniscriptum.com
www.omniscriptum.com

Printed by Books on Demand GmbH, Norderstedt / Germany